clv

Ralph Shallis

Die lebendige Zelle

Das Modell Gottes
für die Gemeinde

Christliche
Literatur-Verbreitung e.V.
Postfach 11 01 35 · 33661 Bielefeld

1. Auflage 1999

© 1999 by CLV · Christliche Literatur-Verbreitung
Postfach 11 01 35 · 33661 Bielefeld

Originaltitel: La cellule vivante
© 1997 by Édition Farel

Übersetzung: B. Peters, J. Moine
Umschlag: Dieter Otten, Gummersbach
Satz: CLV
Druck und Bindung: Ebner Ulm

ISBN 3-89397-269-2

Inhalt

Vorwort

Die wahre Gemeinde Jesu Christi ist ein Wunder, eine Schöpfung Gottes. Der Mensch wäre von sich aus nie auf eine solche Idee gekommen. Es handelt sich um nichts anderes als um ein Eingreifen Gottes in die Geschicke der Menschheit. Es ist das außergewöhnlichste Ereignis, das auf der Erde stattgefunden hat, ein Vorgeschmack des Himmels hier auf Erden. In der Gemeinde ist Gott unter den Menschen gegenwärtig, er macht sie eins und benützt sie, um seine Schönheit auf unwiderlegbare Art und Weise zum Ausdruck zu bringen.

Ich spreche natürlich hier von der ursprünglichen Idee, nämlich der, wie Jesus sich die Gemeinde vorgestellt und was er darüber gelehrt hat und wie dies vom Geist Gottes in Jerusalem verwirklicht wurde. Zwischen dem Plan Jesu und dem, was wir heute unter Gemeinde verstehen, besteht oft ein tragischer, ja sogar schockierender Unterschied. Diese Abweichung kann in einem Satz festgehalten werden: Für den Menschen zählt in erster Linie die Form des Gebäudes, während für Jesus das Wichtigste seine Gegenwart im Haus ist. Damit ist alles gesagt.

Diese göttliche Gegenwart erklärt auch das außergewöhnliche Gelingen der ersten Gemeinden. In einer oder zwei Generationen wurde die Botschaft Jesu Christi im Lauf des ersten Jahrhunderts im ganzen Römischen Reich und bis nach Asien und Afrika ausgebreitet. Das Johannesevangelium war kurz nach dem Tod seines Autors im oberen Niltal bekannt.

Was war das Geheimnis dieses unvergleichlichen Erfolgs … notabene in einer Zeit, in der es noch keine unserer heutigen Kommunikationsmittel gab? Dieses Buch möchte eben dieses Geheimnis untersuchen und lüften.

Um zum klarsten Wasser zu gelangen, muss man bekanntlich bis zur Quelle hinaufsteigen. Deswegen bitte ich den Leser, mit mir bis an den Ursprung zurückzugehen, um damit zu entdecken, was Jesus Christus unter »Gemeinde« verstand. Wir müssen begreifen, auf welche Art und Weise die Apostel zu ihren Lebzeiten diese Vision verstanden und umsetzten. Ihre Berichte sind sehr aktuell, da unsere heutigen Schwierigkeiten denen gleichen, mit denen sie schon konfrontiert waren und sie zu überwinden lernten.

Ich bin ziemlich sicher, dass sich die Verhältnisse, unter denen wir für den Herrn hier im Westen wirken können, bald einmal ändern und Zustände herrschen werden, wie sie unsere verfolgten Glaubensgeschwister in manchen Ländern jetzt schon durchleben.

Alle Zeichen weisen darauf hin, dass wir uns in den »letzten Tagen« befinden. Das Neue Testament lehrt eindeutig, dass wir, die Jünger Jesu Christi, dann in außergewöhnlich schwierige Situationen gestellt werden müssen.[1] Es wäre sehr töricht von uns, diesbezüglich nicht auf die Unterweisung des Herrn zu achten. Mehr denn je müssen wir unsere Vorstellungen und Meinungen im Licht seines Wortes überprüfen, genau unterscheiden zwischen dem unverfälschten Wort des Herrn und unseren Ideen und Interpretationen, die alles nur komplizieren oder sogar verdunkeln.

Wenn die heutigen Gemeinden – insbesondere jene, die zur Zeit überall entstehen und wachsen – das Wesentliche der Idee Jesu Christi verständen, dann hätte Gott das perfekte Werkzeug in der Hand, um die Evangelisation der Welt in unserer Generation zu vollenden.

Oh, möge Gott zu uns reden, möge Christus sich uns offenbaren!

1 Mt. 24,9-12; Lk. 21,12-19; 1. Tim. 4,1-12; 2. Tim. 4,3-5; Apg. 17,6

Kapitel 1
Das ursprüngliche Muster der Gemeinde – wo finden wir es?

Als Mose vom Berg Sinai herabstieg, strahlte sein Gesicht von der Herrlichkeit Gottes, und Gott sprach zu ihm: »Siehe, dass du alles nach dem Muster machst, das dir auf dem Berg gezeigt worden ist.«[2]

Gott hatte Mose bis ins kleinste Detail die Anweisungen zum Bau des Zeltes der Zusammenkunft gegeben und Jahre später tat er es ebenso bei Salomo für den Bau des Tempels: die exakten Maße der Bretter, die Anzahl der Klammern, die genaue Form der beiden Altäre und aller Geräte zum Dienst im Heiligtum. Jede Opfergabe, jedes Opfer musste genauestens den Vorschriften entsprechen: alle Feste, die heiligen Kleider, die Einweihungsgaben, alles war vorherbestimmt, für alles gab es Gebote …

Der Gott, der sich durch Mose den Menschen geoffenbart hat, hat sich danach in seinem Sohn Jesus Christus geoffenbart. Wenn schon die Menschen von der dem Mose geoffenbarten Herrlichkeit überwältigt waren, wie viel herrlicher muss dann die durch seinen Sohn geschehene Offenbarung sein! Wenn der Dienst des ersten Heiligtums in Herrlichkeit vollbracht wurde, welches Übermaß an Herrlichkeit wird dann in der »wahrhaftigen Hütte« hervorstrahlen! Und wenn das dem Mose gezeigte Muster von Gott stammte, dann ist doch sicher auch der von Jesus vorgelegte Plan für die Gemeinde himmlischen Ursprungs.[3]

Der Herr Jesus hat uns in der Tat ein meisterliches Konzept dessen, was er »seine Gemeinde« nennt, präsentiert. Er möge uns die Augen öffnen, damit wir seine Gedanken erfassen und »alles nach dem Muster machen«, das uns gezeigt worden ist! Dies ist das Hauptanliegen meines Buches.

---

2   Hebr. 8,5
3   2. Kor. 3,7-11; Hebr. 8,1-5; 9,24; 10,19-22

Gleichwohl ist es wirklich erstaunlich, dass wir im Neuen Testament vergeblich nach präzisen Angaben zur sichtbaren bzw. äußeren Form der Gemeinde suchen. Wegen dieser fehlenden Hinweise hört man oft das Argument: »Das Neue Testament ist, was die äußere Form der Gemeinde betrifft, zu wenig deutlich; deswegen müssen wir diesem Mangel abhelfen.« Ich finde diese Argumentation gefährlich, denn daraus entstehen die Meinungsverschiedenheiten, aus denen die Spaltung der Gemeinde in Konfessionen, Denominationen und sektiererischen Gruppierungen folgt.

Gott hat mich in meinem Leben in viele Länder geführt, sodass ich das Vorrecht hatte, verschiedene Kulturen, aber auch viele christliche Gemeinschaften kennen zu lernen. Noch als junger Christ war ich oft verwirrt über die Vielfalt im Christentum mit seinen unterschiedlichen, ja manchmal sogar widersprechenden Formen. Es war mir unverständlich, wie eine solche Anzahl verschiedener Auffassungen aus ein und demselben Quelle stammen konnten. Und doch beriefen sich fast alle auf die Autorität der Bibel! Außerdem fiel mir auf: Je größer eine kirchliche Organisation war, umso eher wurden die »Nonkonformisten« verachtet, wobei Letztere mitunter noch intoleranter waren.

Je länger ich die Heilige Schrift in ihrer Gesamtheit las und studierte, kam ich zur Einsicht, dass diese unterschiedlichen Auffassungen nicht von den fehlenden präzisen Angaben im Neuen Testament herrührten, sondern von der Wichtigkeit, die man den kirchlichen Gepflogenheiten beimaß, mit denen man dieses »Schweigen Gottes« ausfüllte. Anders ausgedrückt, es ist nicht das Wort Gottes, das die Christen spaltet, sondern das, was man der Schrift hinzufügt.

Die Schlichtheit und Einfachheit Christi

Der Herr Jesus hat uns zum Beispiel geboten, zu seinem Gedächtnis das Brot zu brechen und den Kelch zu trinken, gleichwohl hat er uns keine Anweisungen gegeben, wie dies zu geschehen habe. Ich hatte das Vorrecht, zahlreiche christliche Gruppierungen kennen zu lernen und mit ihnen am Mahl des Herrn teilzunehmen. Bei den einen blieb man sitzen und reichte das Brot und den Wein von Hand weiter; bei anderen ging man nach vorn und nahm das Mahl stehend ein. In manchen Gemeinden stand oder saß man im Kreis; andere wiederum knieten während des Brotbrechens; in gewissen Gemeinden empfing man das Brot und den Kelch aus der Hand des Pastors oder eines Ältesten; anderswo betete jeder laut, während er das Brot und den Kelch in der Hand hielt. Es gibt Gemeinden, bei denen das Ganze in völliger Stille vor sich geht und andere, wo die Gläubigen beten und lobpreisen, Lieder singen oder aus der Bibel vorlesen, während das Brot und der Wein herumgereicht werden. Unerwähnt lasse ich die starren Liturgien in den staatlichen Kirchen, obschon auch dort große Unterschiede herrschen. Im Lauf meines Lebens habe ich fast alle Formen kennen gelernt.

Für mich waren solche unterschiedlichen Erfahrungen, besonders als ich noch jung im Glauben war, zugleich eine Bereicherung, aber auch etwas, das mich verwirrte. Beinahe jede Art des Gottesdienstes war für mich wertvoll: unabhängig vom Charakter der Zusammenkünfte rief jede Erinnerung an den gekreuzigten und auferstandenen Heiland in mir Tränen der Buße oder der Anbetung hervor. Nachdenklich stimmte mich vor allem, dass der Mensch aus diesem schlichten Zeugnis der Liebe zum Herrn einen Anlass zu Spaltungen machte. Es war nicht so sehr die Vielfalt, mit der diese Zuneigung ausgedrückt wurde, die mir zu denken gab. Ich erkannte aber schon damals deutlich, dass Meinungsverschiedenheiten dort auftraten, wo man der schlichten Idee Jesu Christi etwas hinzugefügt hatte.

Das Schweigen des Neuen Testaments

Bei dieser Feststellung drängt sich mir folgende Frage auf: Weshalb hat der Herr Jesus keine genauen Angaben hinterlassen, wie seine Anweisungen in die Praxis umgesetzt werden sollen? Warum hat es Gott im Neuen Testament unterlassen, alle Aspekte zum Gemeindeleben genau vorzuschreiben? Wären durch eine von Gott verordnete Uniformität nicht alle Unklarheiten beseitigt worden? Mit einigen wenigen zusätzlichen Kapiteln hätten Missverständnisse ausgeräumt werden können, die zu Kontroversen führten, welche oft das Verhältnis zwischen christlichen Gemeinschaften trübten.

Weshalb werden im Neuen Testament keine Normen festgelegt, um z. B. die ideale Größe einer Gemeinde zu bestimmen? Es gibt Gemeinden mit 10 Gläubigen und solche mit 100 000! Ist dies normal? Und warum finden wir nur so wenige Angaben zum Ablauf der Zusammenkünfte? Wieso hat Gott fast nichts über die Art oder Auswahl der Lieder gesagt? Wo finden wir im Neuen Testament Hinweise darauf, ob sich die Gemeinde in irgendeinem Versammlungsraum oder in einer Kirche treffen soll? Ist es zudem wichtig, dass die Stühle im Kreis oder in Reihen aufgestellt werden? Muss man stehen oder sitzen beim Singen? Wann genau soll das Geld eingesammelt werden? Wo steht im Neuen Testament, dass das Geld nach dem Brotbrechen eingelegt werden müsse? Müssen die Gläubigen zum Spenden aufgefordert werden oder soll jeder einfach seinem Gewissen folgen? Warum finden wir Gemeinden mit mehreren Ältesten und andere werden nur von einer einzigen Person geleitet? Wer gibt einem solchen Mann überhaupt seine Autorität?

Wer seit seiner Kindheit in einem bestimmten christlichen Milieu mit festgelegten Formen aufgewachsen ist, für den sind solche Fragen vielleicht belanglos oder unnötig. Ich kann mir jedoch gut vorstellen, dass die Fragen, die ich mir als junger Gläubiger stellte, auch heute noch von zahlreichen jungen Christen in ähnlicher Weise gestellt werden. Weshalb ist unser heutiges Christentum derart kompliziert, obwohl Jesus Christus selber so einfach ist? Oder ist etwa sein Konzept der Gemeinde zu rein, zu geistlich, zu himmlisch für uns?

Hat uns der Herr tatsächlich kein Muster hinterlassen, das uns beim Bau seiner Gemeinde helfen würde oder Anweisungen, denen wir folgen könnten?

Doch! Das Muster existiert!

Zu dieser Frage kann ich aus voller Überzeugung sagen, dass der Herr Jesus seinen Aposteln ein klares Muster mitgeteilt hat, ein Muster, das sogar sehr komplex ist, welches aber von der Christenheit wenig verstanden und kaum angewandt worden ist. In unserer Kultur wurde vielmehr auf menschliche Ideen Wert gelegt, auf eine Art kirchlicher oder evangelikaler »Mechanismen«, eigentliche Notlösungen, die Gott wohl segnet, soweit es geht, die häufig jedoch das Wirken seines Geistes einschränken und letztlich eher eine Karikatur der ursprünglichen Idee des Herrn gleichen. Das Kennzeichen dieser Idee ist ihre Einfachheit. Was wir Menschen erdenken, erreicht nie diese Klarheit ... es sei denn, wir werden auf Schritt und Tritt von Gott erleuchtet. Unsere Vernunftschlüsse, unsere Traditionen und unsere Gefühle schaffen Verwirrung: Unser Wunsch, den Geist Gottes zu steuern, verdunkelt die Klarheit seiner Schau. Aus Unglauben oder Furcht nehmen wir jeweils Zuflucht zu Notlösungen, welche es uns dann unmöglich machen, in allem sein Wort zu befolgen ... als ob sein Geist unfähig wäre, sein eigenes Wort zu verwirklichen!

Auf Sand oder auf Fels gebaut?

Ein Christentum ohne Antworten?

Seit einem Vierteljahrhundert wird heftig über den Charakter der neutestamentlichen Gemeinde debattiert. Die alten Strukturen werden in Frage gestellt, man macht sich Gedanken über die Trägheit und Verkalkung, die fast überall anzutreffen sind und über die Unzufriedenheit der jüngeren Generation. Zahllose hungrige und dürstende Seelen sind mit diesem Mangel konfrontiert. Man staunt über das Unvermögen der Kirchen und Gemeinden, auf die geistlichen Bedürfnisse einer Welt einzugehen, die sich nach dem 2. Weltkrieg (und nach 1968!) stark verändert hat – Bedürfnisse, die sich unter dem Einfluss der neuen Technologien und der heutigen Philosophien gewandelt haben.

Das Christentum scheint besonders anfällig zu sein gegenüber dem Relativismus, dem Humanismus und dem Existentialismus, ganz zu schweigen vom subtilen Einfluss eines okkulten Mystizismus oder irrationaler Strömungen. Diese Probleme haben ein Klima geschaffen, das von Unsicherheit, Opposition und der Suche nach Selbstverwirklichung geprägt ist – zu einem Zeitpunkt wohlgemerkt, wo es umso wichtiger wäre, dass wir klar sehen und unser Ziel kennen.

In England werden unzählige kleine (und nicht so kleine) Kapellen und protestantische Versammlungsräume wegen Mitgliederschwund verkauft und zu Tanzlokalen, Lagerhallen, Hindutempeln und Moscheen umfunktioniert. Auf dem Missionsfeld werden Gemeinden von sektiererischen Bewegungen, Irrlehren, sogar okkulten oder animistischen Tendenzen überrollt. In den schmucken Dörfern Südfrankreichs, wo im 17./18. Jahrhundert die Hugenotten den Verfolgungen mutig widerstanden, trifft man heute oft auf geschlossene, nicht mehr benützte Gotteshäuser, die langsam zu Ruinen verkommen. Die Jugend hat mehrheitlich den Glauben der Vorfahren aufgegeben.

Wie kam es dazu? Geschieht das einzig wegen der Verlockungen der Welt? Oder sollten wir diesen Verfall nicht vielmehr den Gemeinden und Kirchen zuschreiben, die die Bibel, diesen unerschöpflichen Schatz an göttlicher Inspiration, vernachlässigt haben? ... und die aus diesem Grund die Gegenwart des auferstandenen Christus in ihrer Mitte gar nie erlebt haben?

Es hat sicher auch damit zu tun, dass die Kirchen generell nicht bereit waren, den Preis zu bezahlen und sich konkret den Umwälzungen der modernen Welt zu stellen und auf die Herausforderungen der jetzigen Generation einzugehen. Viel zu oft hat man die gesunde Lehre, die Wichtigkeit des Gebets, das intensive Studium des Wortes dem Zeitgeist geopfert ... hingegen wurden Traditionen, Gewohnheiten, festgefahrene Strukturen, der Komfort etc. nicht aufgegeben, da der Preis zu hoch war! Wie so oft hat man letztlich die Gegenwart des Herrn allem anderen geopfert! ...

Auf der Suche nach dem neutestamentlichen Muster

Aus diesem Chaos entstanden die verschiedenen Versuche, zum ursprünglichen Sinn der Gemeinde zurückzukehren. Viele Christen haben deshalb in der Bibel nach Antworten gesucht. Es gab zuweilen sehr interessante Resultate, aber leider auch bedauerliche Folgen. Ich habe es selber erlebt, wie Gott in bemerkenswerter Weise eingegriffen hat, da wo Gemeinden nur nach seinem Willen trachteten. Wie zahlreich sind aber auch die Fälle, wo unechte Erweckungen in Sackgassen mündeten, die ursprüngliche Idee des Herrn in eine Karikatur verfälscht wurde und man so dem Teufel half, die Gemeinden noch mehr zu spalten.

Wir leben in einer krisengeschüttelten Zeit. In vielen Ländern werden die Gemeinden unterdrückt, auch die Zukunft der sogenannten freien Länder ist unsicher, die Moral verfällt immer stärker, die Menschen werden von der Technik beherrscht und manipuliert. Gleichzeitig ist unter den Gläubigen ein Aufbruch entstanden, mit dem Ziel, die ganze Welt zu evangelisieren. Seit etwa 30 Jahren haben Tausende von Jugendlichen an Einsätzen mit Operation Mobilisation und anderen Organisationen teilgenommen. Eine neue Generation von Männern und Frauen hat sich dem Hauptauftrag der Gemeinde hingegeben: die Verbreitung des Evangeliums, dort wo man es nicht kennt und der Bau von Gemeinden, wo es noch keine gibt.

Für diese Menschen ist die Suche nach dem Willen Gottes, das Auffinden des ursprünglichen Musters der Gemeinde kein akademischer Zeitvertreib; es ist eher eine Sache von Leben und Tod. Was wir für Gott zu erreichen versuchen, wird entweder Bestand haben oder unter Prüfungen zusammenbrechen und auf einem Abstellgleise landen. Deshalb ist es so wichtig, dass wir auf dem Felsen der unvermischten Wahrheit bauen und nicht auf dem Sand der Illusionen.

Wer ist denn nun der Gründer der Gemeinde?

Auf *dem Felsen*! Welcher *Fels* ist nun gemeint? Jesus Christus selbst gibt uns die Antwort: »Jeder nun, der irgend diese meine

Worte hört und sie tut, den werde ich einem klugen Menschen vergleichen, der sein Haus *auf den Felsen baute.*«[4]

Der Fels ist also nichts anderes als *die Lehre Jesu Christi*, wie sie uns in den vier Evangelien überliefert ist.

In beinah allen Gesprächen, bei denen es um das biblische Modell der Gemeinde geht, beruft man sich in erster Linie auf die Apostelgeschichte, in der Lukas die Anfänge der Gemeinde in Jerusalem und später in Antiochien und anderswo schildert. Des weiteren erwähnt man noch die Briefe, vor allem jene von Paulus, um alle Angaben über die biblische Gemeinde zu ergänzen.

Lukas gibt uns tatsächlich eine herrliche und lebhafte Schilderung der ersten Gemeinden. Paulus und die anderen Apostel teilen uns eine Fülle von unverzichtbaren Wahrheiten über den Weg der Gemeinde mit. *Jedoch wird seltsamerweise in allen Diskussionen über die Gemeinde sehr selten auf die Worte des Gründers der Gemeinde hingewiesen,* auf die Lehre des Sohnes Gottes selbst ... als ob er uns zum Thema Gemeinde nichts zu sagen hätte! Sind nicht seine Worte *das Fundament* von allem, *der Fels*, auf dem alles steht? Die Apostel haben letztlich nur auf diesem Fundament weitergebaut.

Angesichts der schwierigen Situationen, die uns in dieser Endzeit noch bevorstehen, erachte ich es als unbedingt vorrangig, *zur Quelle zurückzukehren*, die Belehrungen Jesu Christ über die Gemeinde ernst zunehmen.

Paulus, Petrus oder Jesus?

Vielleicht wird man mir entgegnen (dieses Argument habe ich oft gehört), dass Jesus sich fast nie (außer in Mt. 16,18 und in Joh. 14 bis 16) zur Gemeinde geäußert habe, als ob die Gemeinde etwas völlig Neues wäre, eine Offenbarung, die den Aposteln und insbesondere Paulus zuteil geworden sei (vgl. Eph. 3,2-12).

4 Mt. 7,24

Ich weiß, dass Paulus einer der Ersten, wenn nicht überhaupt der Erste war, der das ganze Ausmaß der göttlichen Idee erfasste, nämlich die Gemeinde als der eine Leib Christi, in dem Juden und Heiden eingemacht sind; dies erklärt sich wahrscheinlich aus der Tatsache, dass Paulus es als seine Aufgabe ansah, das Evangelium den *Nichtjuden* zu predigen und zu erklären. Niemand hat so viel zur Ausbreitung des Evangeliums unter den Heiden unternommen wie er. Dies bedeutet aber keineswegs, dass er der Gründer oder Vater der Gemeinde ist! Das ist ein ebenso schwerwiegender Irrtum, wie die Behauptung, die Kirche sei auf Petrus gegründet.

Die Gemeinde ist auf Jesus Christus, den Sohn Gottes, gegründet und auf niemanden sonst! Paulus selbst schreibt, dass »niemand einen anderen *Grund* legen kann, außer dem, der gelegt ist, welcher ist Jesus Christus«.[5] Auch Petrus bestätigt dies in seinem Brief.[6] Der kostbare Stein, der von Gott gelegte Eckstein, ist für ihn niemand anderes als Jesus Christus.

Natürlich weiß jeder gläubige Christ, dass die Gemeinde auf Jesus Christus, auf *seine Person* und *sein Erlösungswerk* gegründet ist. Jedoch vergisst man, dass sie ebenso *auf das Wort des Herrn, auf seine Belehrungen* aufgebaut ist. Dies aufzuzeigen, ist mein Hauptanliegen auf den folgenden Seiten.

Selbstverständlich anerkenne ich die göttliche Inspiration der Apostelgeschichte und der Briefe und dass sie »nützlich zur Lehre, zur Überführung, zur Zurechtweisung und zur Unterweisung in der Gerechtigkeit sind, auf dass der Mensch Gottes vollkommen sei, zu jedem guten Werke völlig geschickt«.[7] Aber weshalb sollten wir nicht dort beginnen, wo alles seinen Anfang nahm? Warum können wir nicht noch weiter zurückgehen als bis zur Quelle, zu den Aussagen des Sohnes Gottes?

5   1. Kor. 3,11
6   1. Petr. 2,4-6
7   2. Tim. 3,16.17

In den vergangenen Jahren wurde, wie wir eben festgestellt haben, viel über die Urgemeinde gesprochen und über die Notwendigkeit, sich auf die Anfänge zurückzubesinnen. Dasselbe Anliegen bewog mich am Anfang meines missionarischen Dienstes (zu diesem Zeitpunkt hatte ich die Bibel schon während mindestens 15 Jahren von Grund auf studiert und gelesen), das Neue Testament nochmals durchzukämmen, diesmal aber im griechischen Urtext. Ich wollte auf gar keinen Fall aus eigener Unwissenheit oder Torheit das Werk Gottes, das zu tun ich Ihn gebeten hatte, beeinträchtigen. Überzeugt davon, dass, je näher die Wiederkunft Jesu Christi bevorstand, die Zeiten für die Gemeinde umso schwerer würden, wollte ich nicht auf den Sand der Traditionen, der Vernunftschlüsse oder der subjektiven Erfahrungen bauen. Gleichzeitig wurde mir auch bewusst, dass das Studium der Apostelgeschichte und der Briefe nicht genügte; ich musste beim Lesen der Schrift noch höher hinauf (nämlich Richtung Quelle), um zu entdecken, was der Herr selbst zu diesem Thema gesagt hatte und wie er sich den Fortgang seines Werkes gedacht hatte. Mir tat sich ein neuer Horizont auf und das Wirken des Heiligen Geistes war nötig, um mir die Dimensionen und die Konsequenzen dieser Entdeckung klarzumachen. Ich musste meine Vorstellungen über die Gemeinde und das Werk Gottes neu überdenken.

Die Meisteridee Jesu Christi: Die Zelle

Erst beim Studium der Worte Christi in den Evangelien erkannte ich das Konzept der geistlichen Zelle.

Das was Jesus persönlich lehrte, bringt uns auf die ursprüngliche Vorstellung der Gemeinde, das Original, wie er es vorgesehen und gewollt hatte. Aus seinen Worten in den Evangelien und ebenso aus den Analogien, die zu seinen Schöpfungswerken bestehen, ist es klar ersichtlich, dass für Ihn die Gemeinde nicht in administrative Strukturen eingeschränkt werden kann. Sie ist ein Organismus, der *lebt*, ein Leib, der beständig wächst und sich vermehrt, ein komplexes Gebilde, das fähig ist, sich anzupassen und unzählige Formen anzunehmen und gleichzeitig eine Einheit darzustellen, solange es in erster Linie mit seiner Person verbunden bleibt und aus Ihm lebt.

Leider ist für uns die Gemeinde oft nichts weiteres als eine Institution, eine Ansammlung von mehr oder weniger interessierten Leuten, während Jesus sie als eine Lampe bezeichnet, deren einzige Daseinsberechtigung die Flamme ist.[8] Eine Lampe mag noch so schön und wirkungsvoll sein –, sobald sie kein Licht mehr gibt, ist sie ein nutzloses und hinderliches Ding. So ist auch die Gegenwart Christi das untrügliche Kennzeichen der Gemeinde, wie auch der Saft den Baum ausmacht, ansonsten er ein bloßes Stück Holz ist.

Wenn wir also von einem »Muster« sprechen, müssen wir uns klar sein, dass keine hierarchischen, administrativen oder lehrmäßigen Strukturen dieses Muster ausmachen, ebensowenig die Anordnung der Räumlichkeiten oder die Form des Gottesdienstes, sondern allein die Realität der Gegenwart Jesu Christi inmitten der Seinen.

Indem ich dies sage, vermindere ich keinesfalls den Wert all jener Aktivitäten, die von Gläubigen ausgeübt werden, um ihren Glauben darzustellen und Christus der Welt bekannt zumachen. In diesem Buch versuche ich das fundamentale Element hervorzuheben: *die Gemeinde als lebendige Zelle, durchdrungen von der Gegenwart Christi.*

Während im mosaischen Gesetz jedes Detail für die Stiftshütte, die Priester, die Opfergaben, die Feste, ja, für beinahe jeden Aspekt des religiösen Lebens des Volkes genau vorgeschrieben war, hat Jesus für die Gemeinde *nichts* dergleichen hinterlassen. Dies ist in der Tat erstaunlich.

Hingegen hat er uns eine sehr genaue und tiefgehende Analyse der geistlichen und inneren Strukturen seiner Gemeinde gegeben.

---

8 Off. 2,5

Er macht uns deutlich, dass für Ihn das Geistliche zählt. Wenn seine Jünger Ihn von ganzem Herzen lieben und sich untereinander in gleicher Weise lieben, haben sie das Wichtigste, haben sie eigentlich alles. Dieses Fundament ist unerlässlich und umfassend. Auf diesem Grund können wir in der Freiheit seines Geistes bauen, je nach dem Ausmaß der Erkenntnisse aus seinem Wort ... vorausgesetzt, dass wir uns der Tatsache erinnern, dass es der Herr ist, der die Gemeinde baut und nicht wir.

Bei der Struktur der Gemeinde ist das Geistliche vorrangig

So sehr wir uns dies auch wünschen, finden wir im Neuen Testament tatsächlich keine Details zur äußerlichen Form der Gemeinde. Hingegen werden uns umfassende Belehrungen über deren *innere* oder genauer über die *geistliche* Struktur mitgeteilt. Während das Alte Testament dem Volk Israel für die Stiftshütte und den levitischen Priesterdienst sichtbare und höchst komplizierte Anordnungen vorschrieb, *werden uns im Neuen Testament ebenso tiefschürfende Belehrungen über das Wesen und das Leben der Gemeinde vermittelt, nur betrifft dies alles den geistlichen Bereich.*

Die Vision von Jesus Christus

Das ist der Grund, weshalb ich mich bei unserem Studium über die Gemeinde in erster Linie auf die Worte Jesu Christi beziehe. Er ist derjenige, der die Gemeinde gegründet und die Grundlage zu ihrem Bau und ihrem Funktionieren gelegt hat. Diese Grundlage besteht aus *geistlichen* Prinzipien, die von den Aposteln ausgelebt worden sind und die sie in ihren Briefen beschrieben und praktisch angewendet haben.

Es macht den Anschein, dass für Jesus die äußere Form der Gemeinde fast etwas Unwichtiges ist. Es geht Ihm hauptsächlich um die geistliche Beziehung, die sich im Leben jedes einzelnen Nachfolgers auswirken muss, sowohl in der Gemeinschaft mit dem Herrn wie auch untereinander.

Seine Vision kann, so sehe ich es wenigstens, in folgenden zwei Lehrsätzen zusammengefasst werden:

Erstens, *die absolute Notwendigkeit seiner persönlichen Gegenwart in der Gemeinde wie ein Zellkern, der als Informations- und Aktionszentrum fungiert und der das richtige Funktionieren des Ganzen gewährleistet. Allein die Gegenwart Jesu Christi in der Gemeinde gibt allem anderen einen Sinn.* Ohne diese Gegenwart ist das Gebäude leer und nutzlos, auch wenn es noch so hübsch aussieht; es ist nicht viel mehr als ein unbebautes Gelände. Man kann es mit einem schönen Brautkleid vergleichen, in dem keine Braut steckt.

Zweitens, *die absolute Notwendigkeit einer vom Heiligen Geist entfachten Liebe* in jedem Gläubigen, die sich gegenüber Gott und auch gegenüber dem Bruder und der Schwester äußert. *Diese Liebe ist der Zement, der die »lebendigen Steine« zusammenhält.* Sie ist wie das Nervenzentrum, das alle Glieder des Leibes mit dem Gehirn verbindet und jedes für die Bedürfnisse und Nöte des anderen empfänglich macht.

Die Daseinsberechtigung und das Funktionieren der Gemeinde lassen sich auf diese zwei fundamentalen Wahrheiten zurückführen. Ist es nicht merkwürdig, dass wir dazu neigen, die zweitrangigen und äußerlichen Dinge zu betonen und das Wichtigste als eine Art »Luxus« betrachten, das wir nach Möglichkeit unserem Gebäude noch beifügen können? Für Jesus hingegen ist die Gemeinde kein Gebilde oder Gerüst, *sie ist eine sichtbare Realität.* Wenn Christus nicht gegenwärtig ist und zwar auf eine wirkliche, unbestreitbare und offenkundige Weise, dann sprechen wir besser von etwas anderem, aber nicht von Gemeinde!

2 oder 3 + Christus = Alles

Falls der Leser meine Darlegungen über die Gemeinde zu einfach findet – denn wer fügt manchen Speisen nicht gern seine eigenen Gewürze bei! – möchte ich ihm die Vielfalt und Kompliziertheit des Atoms und der biologischen Zelle in Erinnerung rufen, deren

Struktur auf den ersten Blick auch sehr einfach erscheinen. Die Gemeinde Jesu Christi ist etwas Schlichtes und Einfaches wie ein Sonnenstrahl, wie das Aufblühen einer Mohnblume, wie das Lachen eines Kindes ... aber was für eine Tiefe und Vielfalt ist hinter dieser Einfachheit verborgen! Zwei oder drei jünger Jesu oder auch dreißig oder vierzig, die sich in seinem Namen versammeln, in Ihm eins sind, stellen vor der Welt, wie auch vor Gott, ein so klares, reines und überzeugendes Bild dar, dass die Welt, ob sie mit Hass oder Glauben reagiert, darin die Gesichtszüge Jesu Christi wahrnimmt. Um zu dieser Klarheit zu gelangen, muss jedoch der Geist Gottes wirken und in allen das Gewissen reinigen, den Willen einen, den Glauben an Christus unterschütterlich machen. Durch das Gebet, das Festhalten am ganzen Wort Gottes, die Verkündigung des Evangeliums, gemeinsame Unternehmungen kommt es trotz der Vielfalt zu einer Einheit, die auf Erden wie ein Echo der himmlischen Musik der göttlichen Dreieinigkeit widerhallt.

Genau das meint Jesus, wenn er von der Gemeinde spricht.

Ein himmlisches Gebäude, aber noch auf Erden

Wir haben festgestellt, dass Gott, obschon er Mose und Salomo sehr exakte Angaben für die Errichtung des Versammlungsortes und die Organisation des Opferdienstes machte, er uns keinerlei Gebote zum »sichtbaren« Aspekt der Gemeinde gegeben hat. Die einzige Ausnahme betrifft die Frage der Einsetzung der Ältesten und Diakone in jeder Gemeinde. Wir werden uns zu einem späteren Zeitpunkt damit befassen.[9]

Das bedeutet aber nicht, dass wir uns am gleichen Punkt befinden wie die Stämme Israels zur Zeit der Richter, als jeder tat, was in seinen Augen recht war. Ein Blick in die letzten Kapitel des

9   In einem zweiten Band, so Gott will.

Richterbuches genügt, um uns das geistliche und moralische Chaos jener Zeit zu zeigen, das dazu führte, dass Israel von seinen Feinden besetzt und erniedrigt wurde.

Nein! *Es gibt ein Muster und Vorbild für die Gemeinde.* Dieses Muster ist genauso vielfältig und detailliert wie es die Stiftshütte bei Mose und der Tempel zur Zeit Salomos waren. Allerdings haben wir es mit einem geistlichen und nicht mit einem irdischen Muster zu tun.

Der Grund dafür liegt darin, dass die Gemeinde Jesu Christi nicht ein irdisches Gebilde ist. Wir haben kein Territorium zu behaupten, keine Landesgrenze zu verteidigen. Ebenso wenig besitzen wir eine zivile Verwaltung, einen König, ein nationales oder internationales Parlament. Dies macht den ganzen Unterschied zur katholischen Auffassung der Gemeinde. Diese basiert keineswegs auf dem neutestamentlichen Muster, sondern hat ihren Ursprung im administrativen System des Römischen Reichs.[10] Jesus hingegen sah seine Gemeinde nicht als den großen Baum aus der Vision von Nebukadnezar, diesen monsterhaften Baum, der aus einem Senfkorn stammte und in dessen Zweigen die »Vögel des Himmels sich niederließen«, sondern als eine Vielzahl von kleinen Bäumen, von Senfstauden, die sich ständig ausbreiten.[11]

»Seid nicht gleichförmig dieser Welt, sondern werdet verwandelt …«[12]

Jesus Christus zeigt uns das Muster für seine Gemeinde in einer Reihe von Reden, die uns das Fundament, die Säulen und das Gerüst eines *geistlichen* Gebäudes liefern, das aber den Auftrag hat, *auf der Erde* zu leben und sich auszubreiten, obschon es von irdischen, menschlichen und satanischen Mächten umgeben ist.

10 Mit Einschränkungen gilt das auch für die anderen sogenannten Landeskirchen.
11 Dan. 4; Mt. 13,31.32
12 Röm. 12,2

Dieser Bau ist ein Wunder an Licht, das inmitten der Finsternis leuchtet, voller Leben im Angesicht des Todes.

Die Stärke der Gemeinde Jesu Christi liegt nicht darin, dass sie sich der Welt und deren Systemen anpasst, *sondern darin, dass sie sich in ihrem Wesen von der Welt unterscheidet, was ihre Andersartigkeit hervorhebt.* Das Volk Gottes wird die Ungläubigen niemals mit deren Mitteln zu einem *geistlichen* Glauben an Christus gewinnen. Die Botschaft der Nachfolger Jesu Christi überzeugt durch ihre radikale Andersartigkeit von jeder menschlichen Gemeinschaft: *die geistliche Gegenwart Gottes inmitten der Seinigen.*

Dies hatte auch Mose klar verstanden und in seiner Fürbitte mit folgenden Worten zum Ausdruck gebracht: »... *wenn du mit uns gehst und wir ausgesondert werden ... von jedem Volk, das auf dem Erdboden ist.*«[13]

Da die Struktur der Gemeinde geistlich ist, sind auch die Steine lebendig. Das sind die Gläubigen, deren Persönlichkeit sehr unterschiedlich und variantenreich sein kann. *Deshalb ist die geistliche Beziehung zwischen diesen Individuen von entscheidender Wichtigkeit.* Wenn die einzelnen Steine sich nicht miteinander verbinden, ist es unmöglich, ein Haus zu errichten! Und wenn diese Steine nicht alle exakt auf den Eckstein, Jesus Christus, welcher auch das Fundament des Hauses ist, abgestimmt sind, wie kann man dann erwarten, dass die Gemeinde dem Feuer und dem Wind, allen Erschütterungen und Angriffen des Feindes widerstehen kann? Ein solcher Bau kann unmöglich von der Herrlichkeit Gottes erfüllt werden, noch können dort bußfertige Sünder Ruhe für ihre Seelen finden.

Das Neue Testament zeigt deutlich, dass die Gemeinde eine hoch entwickelte Struktur hat, die aber geistlicher Natur ist und leider wenig verstanden und selten gelehrt wird.

Der Herr Jesus ist *vor allen Dingen* um die Beziehung zu jedem seiner Jünger besorgt. Er möchte, dass diese Beziehung tiefer und

13 2. Mo. 33,16

inniger wird und sich dann in einer intensiven, herzlichen und reinen Gemeinschaft der Gläubigen untereinander äußert. Diese Beziehung ist von Liebe, von Licht und Geist gekennzeichnet: Es ist die Offenbarung Gottes *auf Erden.*

Folglich behandeln die Briefe im Neuen Testament zur Hauptsache die geistlichen Beziehungen, die »vertikale« Beziehung mit Christus und die »horizontale« Beziehung der Gläubigen miteinander. Wenn es dem Geist Gottes gelingt, dieses Vorhaben des Herrn Jesus, seine Idee, zu verwirklichen, bedeutet dies nichts Geringeres, als dass Gott in dieser Ihm feindlich gesinnten Welt eine Quelle des Lebens, einen geistlichen Leuchtturm besitzt, ein Werkzeug zur Erfüllung seiner Pläne. Das ist es, was Christus unter »Gemeinde« versteht!

Kapitel 2
Die zehn Lektionen von Jesus Christus

Um sauberes und frisches Wasser zu bekommen, muss man bis zur Quelle gehen. Jesus Christus ist der Gründer der Gemeinde; deshalb müssen wir bei Ihm nach der wahren Bedeutung der Gemeinde suchen. Wir gehen also bis zum Ursprung zurück; wir schöpfen aus all seinen Worten das Wesentliche, das uns so oft entgehen will: seine Meisteridee, dieses einzigartige Wunder, die Gemeinde nach seinen Vorstellungen.

Die 1. Lektion: Die Vision vom Reich Gottes

Jesus stellt an den Beginn seiner Verkündigung die eindrückliche Botschaft über das Reich Gottes: das, was alle Propheten vorausgesagt hatten, die Hoffnung Israels und aller Nationen, der Tag, an dem sich alles in Frieden, Freude und Liebe verwandeln würde, wo Gott selbst bei den Menschen wohnen und alle Ihn erkennen würden ... der Tag, an dem die Erde von der Erkenntnis der Herrlichkeit Gottes erfüllt sein würde, wie die Wasser den Meeresboden bedecken.[14]

Abraham hatte diesen Tag von ferne gesehen und sich gefreut.[15] David hatte den Tag beschrieben, an dem alle Nationen kommen und vor dem Herrn anbeten würden.[16] Jesaja erwartete die Zeit, wo Christus über die Nationen herrschen und sie den Krieg nicht mehr lernen, wo die Wüste blühen und der Wolf beim Lamme lagern würde.[17]

---

14 Hab. 2,14
15 1. Mose 12,3; Joh. 8,56
16 Ps. 86,9
17 Jes. 2,2-4; 65,25

Die Botschaft Jesu Christi war mitreißend: »Das Reich der Himmel ist *nahe* gekommen«, verkündete Er. Da erstaunt es nicht, dass die Volksmengen Ihm folgten und die religiösen Führer seinetwegen beunruhigt waren.

Dennoch legt er Wert auf die Feststellung, dass der einzige Weg in diese neue Welt über den Tod führt, seinen Tod, in dem alle eingeschlossen sind, ... sofern die Menschen bereit sind, sich auf diese Weise mit Ihm zu identifizieren.

Das war auch der Grund, weshalb er sich von Johannes im Jordan taufen ließ. Durch diese Handlung gab er deutlich zu verstehen, dass er gekommen war, um für die Sünden der Welt zu sterben. Demzufolge können nur diejenigen, die sich mit Ihm in seinem Tod identifizieren, auch an seiner Auferstehung teilhaben. Einige Monate später erklärt er dem Nikodemus, dass es ein neues, geistliches Leben aus Gott braucht, um den Menschen für die Gegenwart Gottes passend zu machen. Genauso wie man durch die Geburt in die materielle Welt hineingeboren wird, gelangt man nur durch eine neue Geburt in das Reich Gottes.

Die Juden waren verblüfft. War das nicht ein Widerspruch? Man muss zuerst von neuem geboren werden ...; was kann denn der Mensch tun, um geboren zu werden?

Nichts. So sehr sich Israel auch danach sehnte, in dieses Reich zu gelangen, konnten sie dennoch selber nichts dazu beitragen.

Genau diese Tatsache hebt Jesus hervor bei seinem Zusammentreffen mit Nikodemus (Joh. 3), bei seiner Unterhaltung mit der Samariterin (Joh. 4), in den Auseinandersetzungen mit den Schriftgelehrten (Joh. 5-10) und bei der Auferweckung des Lazarus (Joh. 11). Aber auch in den zahlreichen Gleichnissen in den synoptischen Evangelien (die zehn Jungfrauen, der verlorene Sohn, der Sämann und andere) wird dies betont, wobei er sich dort in erster Linie an die Jünger wendet. Wir können dieses Thema nur kurz streifen.

So ist der Zugang zum Reich Gottes auf ein Eingreifen Gottes zurückzuführen, ein Ausdruck von göttlichem Erbarmen, das dem Stolz des Menschen keinen Raum lässt.

Die 2. Lektion: Die Bergpredigt

In der Bergpredigt[18] umreißt Jesus seine messianische Berufung und legt die Gesetze seines Reiches dar. Diese außergewöhnliche Rede ist *sein königliches Manifest*, in welchem er die unerbittlichen Forderungen präzisiert, die jedem gestellt werden, der Bürger im Reich Gottes werden möchte.

Jesus stellt alle menschlichen Ideen, alle religiösen und philosophischen Konzepte auf den Kopf. Während der Mensch meint, er sei glücklich und stehe in Gottes Gunst, wenn er sich vieler materieller Dinge erfreut, sagt Jesus genau das Gegenteil: »Glückselig die Armen, die Trauernden, ihr meine Jünger, die weinen, die verfolgt und geschmäht werden, die ihr für nichts geachtet werdet ...«

Er geht noch weiter und warnt: »Wehe euch Reichen ... Wehe euch, die ihr jetzt lachet ... Wehe, wenn alle Menschen wohl von euch reden ...«[19] Jesus lehrt, dass das Wohlbefinden im Reich Gottes in keiner Weise mit materiellen Vorteilen verbunden ist. Die Glückseligkeit ist eine Kraft, die vom Geist Gottes stammt, der in den Gläubigen wohnt.

Solche Worte rufen immer Widerspruch hervor, indem sie Vorstellungen widersprechen, die bisher als unantastbar galten. Der Herr führt seine Jünger in eine neue geistliche Dimension. Solange Israel und die Nationen weiterhin das Wort Gottes ablehnen und nicht Buße tun, kann das Reich Gottes nicht sichtbar auf der Erde errichtet werden. Wer also Bürger dieses Reiches werden möchte, muss sich durch seinen Wandel zu erkennen geben. Er befolgt die Gebote Christi inmitten einer gleichgültigen, ja sogar feindlichen Umgebung.

Jesus analysiert dann die vier häufigsten Sünden der Menschen: Zorn, sexuelle Ausschweifung, böses Reden und Hass (d.h. eine rachsüchtige Gesinnung). Hinzu kommen noch Heuchelei und

18 Mt. 5-7
19 Lk. 6,24-26

Materialismus. Er zeigt auf, dass die Wurzel dieser Sünden in den Gedanken des menschlichen Herzens verborgen liegt. Alles, was über ein einfaches Ja, Ja oder Nein, Nein hinausgeht, alle Ausschmückungen, alle falschen Schwüre, alles Verletzende sind Sünde.

Es gibt etwas viel Besseres als auf sein Recht zu pochen, sagt Jesus: er lädt die Leute dazu ein, sein Beispiel nachzuahmen, d.h. den Feinden zu vergeben, sie zu lieben. Die Liebe ist somit die Erfüllung der Gebote Gottes. Wenn du Gott von ganzem Herzen liebst, dann tust du auch spontan die Dinge, die Ihm gefallen. Wenn du deinen Nächsten liebst wie dich selbst, um nichts in der Welt tust du ihm etwas Böses an, nein, du tust ihm nur Gutes.

Jesus verbietet seinen Jüngern, das Wort Gottes mit dem Mammon zu verbinden. Er lehrt sie mit Ausharren zu beten und er fordert sie und alle Menschen auf, zwischen dem leichten Weg, der am Ende ins Verderben führt, und dem mühseligen Weg zu wählen. Dieser Weg ist mit einem bedingungslosen Ja zum Willen Gottes gleichzusetzen. Er ist hart, anstrengend und nur wenige Menschen gehen ihn, obschon er zum wahren Leben führt. Anders ausgedrückt: Gott will, dass wir Ihn von ganzem Herzen lieben und Ihm völlig vertrauen.

Jesus sagt damit, was das *normale* Leben eines Menschen prägen sollte. Es ist dadurch gekennzeichnet, dass es, mit dem Licht verbunden, das göttliche Gebot der Liebe erfüllt. Das Gesetz des Christus kann somit in einem Wort zusammengefasst werden: Liebe. Mit dieser Unterweisung macht er die Jünger schon auf die Idee der Gemeinde aufmerksam. Das Reich Gottes kann nur auf der Grundlage der echten Liebe, welche das größte Gebot ist, errichtet werden. Wenn hingegen dieses göttliche Gesetz von denen, die sich Jünger Jesu nennen, nicht anerkannt und befolgt wird, ist alles Reden über Gemeinde eitel.

In der Bergpredigt definiert Jesus den Charakter der echten Gläubigen, derjenigen, die zu Ihm und seiner Gemeinschaft gehören. Eine Gemeinschaft ist aber nichts anderes als die Summe der einzelnen Glieder. Die Gemeinde kann also weder stärker noch reiner sein als es die einzelnen Gemeindeglieder sind. Jesus beginnt mit dem Einzelnen; danach kommt das Team und dann folgt die Gemeinschaft ... wie wir gleich sehen werden.

Einwände und Entgegnungen

Oft wird gesagt, dass das Gesetz Jesu Christi nichts mit der Gemeinde zu tun hätte, weil wir unter der Gnade und nicht unter dem Gesetz sind.

Man beruft sich dabei auf die Lehre, um sich elegant aus der Verantwortung zu ziehen. Als junger Christ hat mich diese Meinung lange Zeit am geistlichen Vorwärtskommen gehindert, bis ich anfing, die Bibel ernsthaft zu studieren und die Worte Jesu Christi für mich persönlich in Anspruch nahm. Jesus gibt uns deutlich zu verstehen, dass, wer seine Worte befolgt und auslebt, auf den Felsen der Wahrheit baut, während diejenigen, die seine Worte nicht ernst nehmen, auf dem Sand der Illusionen bauen.[20]

Als der Herr die Apostel aussandte, alle Nationen zu Jüngern zu machen, gab er ihnen die Weisung: »Lehret sie, alles zu befolgen, was ich euch geboten habe.«[21] Dies schließt selbstverständlich auch die Bergpredigt ein. Und als er schon auf dem Weg nach Gethsemane war, schärfte er ihnen – gewiss mit Tränen in den Augen, wie ich denke – auch noch folgende Worte ein: »Wenn ihr mich liebt, so haltet meine Gebote ...« und »Wer mich nicht liebt, hält meine Worte nicht.«[22]

Genau dieser Gehorsam dem Wort Christi gegenüber erklärt auch den Erfolg der Evangelisation zur Zeit der Apostel. Wenn Paulus die damalige Welt mit jungen, wachsenden Gemeinden übersäen konnte, dann lag das daran, dass diese Gemeinden von der Lehre Christi erfüllt waren und diese auch auslebten. Diese Gemeinden haben dann selber das Werk der Evangelisation in ihrer Umgebung kraftvoll vorangetrieben und Männer hervorgebracht, die das Werk weiterführten.

20 Mt. 7,24-27
21 Mt. 28,18-20
22 Joh. 14,15.21.23.24

Wer die Meinung vertritt, die Bergpredigt »sei nicht für uns geschrieben«, hat von vornherein schon resigniert. Den Vorwurf, damit predige ich das Gesetz, weise ich mit aller Entschiedenheit zurück. In der Tat lebt jeder unter dem Gesetz, der aus Gesetzeswerken, sei es das Gesetz Mose oder das Gesetz Christi, *gerechtfertigt werden will*. Das ist dem Herrn ein Gräuel. Wenn wir hingegen *aus reiner Liebe* zum Herrn Jesus von ganzem Herzen gemäß den Richtlinien der Bergpredigt leben möchten, dann ist das nichts anderes als die Frucht des Geistes. Das erneuerte Herz *will* gar nichts anderes. Für den Jünger Jesu Christi geht es dabei nicht um Gesetzeswerke, sondern es sind Dinge, die er aus Liebe tut. Diese Liebe entspringt einem dankbaren, fröhlichen Herzen, das in Gott Ruhe gefunden hat, da es bereits Vergebung und Rechtfertigung *erlangt hat*. Das ist ein Unterschied wie zwischen Tag und Nacht.

Die 3. Lektion:
Die Wirksamkeit des Wortes Gottes

Das Wort Gottes ist lebendig und wirksam. Der Geist Gottes gibt dem Wort die Kraft, die belebt, erneuert, heilt und Wachstum wirkt.

So hat auch der Herr, nachdem er sein Manifest auf dem Berg vorgestellt hatte, seine Gewalt über alle Macht des Feindes demonstriert:[23]

Er reinigt den Aussätzigen (Mt. 8,1-4).

Er heilt die Gelähmten (8,6-10 und 9,1-7).

Er stillt den Sturm (8,23-27).

Er treibt Dämonen aus (8,28-32).

Er heilt eine Frau, die während 12 Jahren blutflüssig gewesen war (9,20-22).

---

23 Mt. 8+9

Er auferweckt ein junges Mädchen aus dem Tode (9,18.19.23-26).

Er gibt zwei Blinden das Gesicht (9,27-31).

Die Jünger sind verblüfft und fragen sich untereinander: »Was ist dies? was ist dies für einer ist dieser, dass auch die Winde und der See ihm gehorchen?« (8,27).

Die Volksmenge ist bestürzt und spricht: »Was ist dies? was ist dies für eine neue Lehre? denn mit Gewalt gebietet er selbst den unreinen Geistern und sie gehorchen ihm!«[24]

Tatsächlich sind die Worte Jesu Christi etwas Neues, eine Lehre, die von der Kraft Gottes durchtränkt ist.

Die 4. Lektion:
Das Prinzip des apostolischen Teams

Folglich sind es geistlich zubereitete Männer, die von der Macht und Wirksamkeit der Worte ihres Herrn überzeugt sind, denen der Herr die Verbreitung dieses Wortes anvertraut. In Matthäus 9,36 bis 10,47 wie auch in Lukas 10,1-20 wählt der Herr zunächst die Zwölf und später 70 Jünger aus, die er als Missionare vor sich hersendet. Diese zwei Abschnitte sollte man gründlich studieren, für den Augenblick jedoch begnüge ich mich mit dem Kerngedanken, den sie enthalten: Der Herr hat seine Anhänger nicht allein losgeschickt, sondern er hat Teams gebildet.

Jesus führt hiermit ein neues Prinzip ein: die Idee des apostolischen oder missionarischen Teams. Paulus und andere haben diese Idee später mit durchschlagendem Erfolg selber angewandt. Der Herr schickt seine Jünger zu zweit aus. Zwei Personen stellen die kleinstmögliche Gruppe dar. Jesus hatte nicht allzu viele Leute zur Verfügung; dieser Mangel an Mitarbeitern ist übrigens bis heute ein großes Problem im Werk des Herrn.

Deshalb setzt er seine Jünger so »sparsam« wie möglich ein. Eine Zweiergruppe ist somit die ökonomischste Einheit, bei der aber trotzdem eine Vielfalt gewährleistet ist. Ein Team kann wohl größer, aber niemals kleiner sein.

Warum nun ein Team?

Erstens sind zwei Männer zusammen mutiger und wirkungsvoller als zwei, die einzeln operieren. Jesus ist um seine Mitarbeiter besorgt: er gibt ihnen einen extrem schwer zu bewältigenden Auftrag. Obwohl er aber viel fordert, ist er keineswegs unmenschlich.

Zweitens ist es eine Tatsache, dass zwei Menschen zusammen schon eine *Minigesellschaft* darstellen, eine *Gemeinschaft*, die von der Beziehung zwischen den Einzelnen geprägt wird. Ein Einzelner kann nicht die ganze Fülle und Tragweite der Absichten des Herrn mitteilen; aus seinem Wirken und seiner Persönlichkeit kann man an den Geist erkennen, der ihn antreibt. Dies sollte man nicht geringschätzen; aber zwei Menschen, die *zusammen* beten, *zusammen* arbeiten, *zusammen* vorwärts gehen, *zusammen* leiden, widerspiegeln durch ihre Beziehung untereinander den Charakter der Gemeinschaft, aus der sie stammen.

Anders gesagt: Zwei Menschen, die gemeinsam für Gott wirken, stellen für die Welt, von der sie beobachtet und gehört werden, *einen Spiegel des Reiches Gottes dar*. Die Menschen um sie her sehen das Muster einer idealen Gesellschaft, eine Gemeinschaft, die von Liebe geprägt ist, wo jeder den andern respektiert, wo man sich gegenseitig hilft, wo jeder für das Wohl der andern besorgt ist, wo jeder danach trachtet, nach dem Gesetz Christi, der Bergpredigt, zu leben. Es ist das Reich Gottes in Kleinformat.

Das apostolische Team ist ein Wunder. Es wurde nicht von Menschen erdacht, noch kann es sich selber bilden: *Wir haben es mit einem Werk Gottes zu tun*. Der Geist Gottes hat es zusammengeführt und hält es zusammen. Es ist nicht lediglich ein Team, eine Arbeitsgruppe. Es ist eine Einheit, die von Christus gewirkt, bevollmächtigt und ausgesandt wird. Weder der Mensch noch die Kirche oder Gemeinde ist maßgebend. Es ist Jesus selbst, der jeden Einzelnen in seine Teams beruft und sie dazu vorbereitet hat und sie danach zu Zweiergruppen formt und zur Zusammenarbeit befähigt.[25]

Was die Menschen, die einem apostolischen Team begegnen, noch stärker beeindruckt, ist die Tatsache, dass sie dabei dem Herrn Jesus selbst begegnen. Die Gegenwart des Herrn inmitten einer Gruppe – seien es nur zwei, zehn oder fünfzig Gläubige – ist es, was die Wirksamkeit des Zeugnisses ausmacht. Diese Gegenwart macht das Zeugnis nicht nur glaubwürdig, sondern weist unmissverständlich auf dessen *göttlichen Ursprung* hin. Es ist Gott selber, der jenen Menschen begegnet, zu ihnen spricht und ihr Gewissen aufrüttelt. Dies geschieht nicht nur durch den einzelnen Gläubigen, sondern auch durch das Zeugnis *des Zusammenlebens* der Gruppe. Die Menschen sehen in ihr Christus.

Hierin liegt das Geheimnis der Evangelisation und des Gemeindelebens.

Wir kommen in einem anderen Kapitel dieses Buches noch auf die Frage des apostolischen Teams zu sprechen. Es gehört zu den fundamentalsten Bestandteilen im Werk Gottes.

Die 5. Lektion: Der Unterschied zwischen wahrer und falscher Gemeinde

Im 12. Kapitel des Matthäusevangeliums wird der Herr Jesus von den Schriftgelehrten unwiderruflich verworfen. Diese Ablehnung betrachtet er als etwas, das nicht vergeben werden kann.[26] Noch am gleichen Tag[27] fängt er an, die Menschen auf eine andere Art zu unterweisen: zur Volksmenge spricht er in Gleichnissen und erwähnt das Kommen des Reiches Gottes für Israel nicht mehr, während er den Jüngern eine neue Schau dieses

25 Mt. 4,18-22; Lk. 10,1-4
26 Mt. 12,24.31.32
27 Mt. 13,1

Reiches offenbart. Ihnen verrät Er, dass von nun an an eine Zwischenperiode beginnt, bis Israel Buße getan und sich bekehrt haben wird. Das Reich Gottes ist von jetzt an ein Geheimnis, etwas Verborgenes, ein Werk Gottes, das aber allen Nationen den Zugang zur Gnade Gottes eröffnet. Es ist nicht mehr etwas Irdisches, sondern *Geistliches*. Jesus führt die Jünger auf diese Weise in seine Gedanken über die Gemeinde ein.

An den Anfang dieser Belehrung stellt er jedoch eine Warnung. In den sieben Gleichnissen von Matthäus 13 weist der Herr die Jünger darauf hin, dass es neben den echten Bekehrungen auch falsche geben wird (Gleichnis vom Sämann), dass sogar die Gemeinde von falschen Jüngern bevölkert wird (Unkraut unter dem Weizen), dass die Gemeinde in eine riesige administrative Struktur ausarten wird (der Baum, in dem sich alle Vögel niederlassen), anstatt sich in unzähligen, kleinen Senfstauden zu vermehren, sogenannten »Zell-Gemeinden«. Er warnt die Jünger davor, dass die gesunde Lehre in der Gemeinde von altem, babylonischem Gedankengut verseucht werden wird (Gleichnis vom Sauerteig) und dass das Festhalten an der unverfälschten Wahrheit oder die Rückkehr zu diesem kostbaren Schatz kompromissloses Glauben erfordert (Gleichnisse vom verborgenen Schatz und von der kostbaren Perle). Er gibt ihnen zu verstehen, dass die Gemeinde gute und faule »Fische« ans Ufer ziehen wird und dass erst am Ende der Zeitalter das große Aussortieren stattfinden wird, auf das die Engel Gottes schon so lange warten.[28]

Mit diesen Worten sagte der Herr Jesus den Aposteln ganz deutlich, dass die wahre Gemeinde bis zum Ende der Zeitalter bestehen, aber unablässig von Satan durch Irrlehren und Sünden angegriffen werden würde. Daher die Notwendigkeit, beständig zur schlichten und ursprünglichen Lehre des Herrn zurückzukehren.

---

28 Mt. 13.28-30.39-42.47-49

Die 6. Lektion:
Die einzige Grundlage der Gemeinde

In Matthäus 16 (Vers 16) gibt Petrus dem Herrn ein Glaubensbekenntnis, das eine Folge direkter göttlicher Offenbarung war: »Du bist der Christus, der Sohn des lebendigen Gottes.« Der Herr entgegnet ihm darauf mit der Feststellung, dass er auf diesem *Felsen* (griechisch: *petra*), d.h. auf seine Göttlichkeit, seine Gemeinde bauen wird. Niemals meinte der Herr damit, dass er auf seinen Jünger Petrus (griechisch: *petros*) bauen würde. Die Ansicht, Jesus wolle seine Gemeinde auf einen Menschen gründen, ist unbiblisch. Sie kam erst viel später auf, als die Gemeinde schon stark von der Lehre des Herrn und der Apostel abgewichen war. Christus stellt klar, dass er selbst die Grundlage der Gemeinde ist. Auch Petrus nennt in seinem ersten Brief (2,4-6) Christus den *auserwählten Eckstein* und fügt bei, dass *alle Gläubigen Steine* sind, die Gott zum Bau seines geistlichen Hauses einsetzt (V. 5). Petrus bezeichnet sich nur als einen Ältesten unter vielen: »... ich, der Mitälteste ...«[29]

Diese Tatsache wird auch von Paulus unterstrichen: »*Einen anderen Grund kann niemand legen, außer dem, der gelegt ist, welcher ist Jesus Christus.*«[30]

Die 7. Lektion: Die Herrlichkeit der Gemeinde
im kommenden Reich

In Matthäus 17 wird Jesus vor Petrus, Jakobus und Johannes auf einem Berg umgestaltet; eine Begebenheit, die er »*das Reich Gottes, in Macht gekommen*« nennt (gemäß dem griechischen Text in Markus 9,1).

Bei dieser Gelegenheit gewährt er dem geistlichen Verständnis dieser Jünger einen Blick in die Ewigkeit: er zeigt ihnen eine geistliche Dimension des Daseins, die für sie kaum vorstellbar war. Die Gemeinde, welche in der jetzigen Zeit arm ist, verfolgt wird und in einer feindlichen Welt verachtet ist, wird schlussendlich vor allen Mächten des Universums erhoben und als das herrliche Endziel des Wirkens Gottes dargestellt werden. Mit dem verherrlichten Messias vereint – wie auch Mose (das Gesetz) und Elia (die Propheten) – ist sie die Braut des Christus und wird in die Herrlichkeit seines Reiches eingehen.

Während das Reich Gottes in dieser Welt nur im Verborgenen existiert, wird es dann Menschen und Engeln offen enthüllt sein. Die Gemeinde ist letztlich dazu da, um am Ende der Tage an der überwältigenden, alles durchdringenden göttlichen Herrlichkeit teilzuhaben, die vom aufgedeckten Angesicht Christi ausgeht.

Diese Schau vom Reich Gottes hat hauptsächlich mit der Endzeit zu tun. Sie ist die Erfüllung der biblischen Prophezeiungen seit Anbeginn. Wir haben eine Zukunft. Unsere Botschaft stillt die tiefsten Bedürfnisse der Menschheit. Es ist unsere Hoffnung, die wir zwar noch nicht sehen, die aber auf das unfehlbare Wort des Herrn gründet.

Jetzt haben wir noch teil an der Schmach Christi, wir identifizieren uns mit dem Kreuz, aber dies alles führt zur Offenbarung Seiner Herrlichkeit. *Das Reich, von dem die Gemeinde der Keim ist, wird eines Tages in Macht und Kraft hervorbrechen.*

Die 8. Lektion:
Die sieben Prinzipien des Zusammenlebens und ihre drei dazugehörigen Verheißungen

Nun führt uns Jesus zum eigentlichen Kern seines Gemeindekonzepts. Unter den Jüngern war über die Frage der geistlichen Autorität ein schlimmer Streit[31] entbrannt: »Wer ist nun der Größte im Reich Gottes? Wer ist der Chef in der Gemeinde?«

---

31 Mk. 9,33.34

Jesus nimmt daraufhin ein Kind in seine Arme und gibt den jüngern zu verstehen, dass es in seinem Reich keinen Platz für »Große« hat, sondern nur für solche, die wie jenes Kind wissen, wie klein und gering sie sind. Wenn nun Gott dir, mein Bruder, mehr Erkenntnis, eine tiefere geistliche Schau oder mehr geistliche Kraft gibt als anderen, so geschieht dies einzig, damit du deinen Mitbrüdern besser dienen kannst. Wenn du schon »groß« bist, dann bist du es, um den »Kleinen« zu dienen, damit sie auch »groß« werden.

Wie so oft stößt der Herr Jesus alle herkömmlichen Vorstellungen um; er verwirft, was bisher von allen als normal betrachtet wurde und ersetzt das durch die Liebe. Wer liebt, zeigt wahre Größe; und einzig diese von Gott gewirkte Liebe zählt im Reich Gottes.

Was Jesus zu diesem Thema sagt, steht hauptsächlich in Matthäus 18 geschrieben.[32] Ein Leben in der Gemeinschaft bedeutet immer *teilen* und *gemeinsam* etwas unternehmen. Die Menschen suchen seit jeher eine Lösung für das Problem des Individualismus. Zu diesem Zweck wurden religiöse, wirtschaftliche, politische, soziale und allerlei andere Gemeinschaften gebildet, aber jedes Mal musste man den Mitgliedern mit Hilfe von streng angewandten Regeln eine eiserne Disziplin auferlegen, damit die Einheit der Gruppe gewahrt wurde.

Das Zusammenleben, wie es Jesus vorschwebt, ist total anders. Paulus hatte das begriffen und schreibt deshalb: »*Wo aber der Geist des Herrn ist, ist Freiheit.*«[33] Die Gemeinde als eine geistliche Gemeinschaft ist nicht von menschlichen Regelungen und Abmachungen abhängig, *sondern von der Verbundenheit mit dem Geist Gottes.*

Alle menschlichen Gemeinschaften existieren gewöhnlich für ein gemeinsames Ziel. Jeder Einzelne hat seine eigenen Interessen; der Geist Gottes jedoch liebt, ohne eigene Interessen zu verfol-

---

32 Parallel zu Mt. 18 sind folgende Abschnitte zu vergleichen: Mt. 23,5-12; Mk. 9,33-35; 10,35-45; Lk. 9,46-48; 14,7-11
33 2. Kor. 3,17

gen. Er trachtet danach, bei jedem Gläubigen allezeit die Liebe des Vaters, der seinen Sohn gegeben hat, und die Liebe des Sohnes, der sich selbst für uns hingegeben hat, als wir noch seine Feinde waren, zum Ausdruck zu bringen.

Die Freiheit des Geistes ist aber keineswegs mit Unordnung zu verwechseln. Sie offenbart uns die Harmonie zwischen Vater, Sohn und Heiligem Geist. Ihr Antrieb wird nicht von irgendeinem Interesse gelenkt, sondern nur von der Liebe. Das Leben im Reich Gottes wird von einem einzigen Gesetz bestimmt, dem der Liebe: zuerst die Liebe Gott gegenüber und dann die Liebe zum Nächsten. Nur dürfen wir diese göttliche Liebe nicht gleichsetzen mit dem, was die Welt als »Liebe« bezeichnet und sich letztlich als reiner Egoismus offenbart. Die Liebe Gottes zeigt sich am Kreuz von Golgatha. Sie ist von völliger Hingabe und Vergebung gekennzeichnet. In der Gesinnung Christi bedeutet »Ich liebe dich«: »Ich bin bereit, für dich gekreuzigt zu werden.«

Weil der Mensch von jeher enorme Mühe hatte, die Bedeutung der echten Liebe, die aus dem Herzen des Schöpfers strömt, zu begreifen, war es notwendig, uns eine Definition zu geben. Deshalb hat Gott Jahrhunderte vor dem Kommen Jesu durch Mose dem Volk Israel die zwei Gesetzestafeln überbracht. Diese werden später von Jesus Christus in den zwei Geboten (die auch von Mose sind) zusammengefasst:

Du sollst den Herrn, deinen Gott, lieben mit deinem ganzen Herzen …
Du sollst deinen Nächsten lieben wie dich selbst.

An diesen zwei Geboten, sagt Jesus, hängt das ganze Gesetz und die Propheten.[34]

Im mosaischen Gesetz gibt es insgesamt mehr als 600 Gebote, die im Grunde genommen eine detaillierte Analyse der verschiedenen Aspekte des Gesetzes der Liebe sind und deren Anwendung, wobei zuerst die Liebe zu Gott und zur Wahrheit und dann die Liebe zum Nächsten steht. Das Neue Testament enthält ebenfalls

---

34 Mt. 22,37-40

viele Gebote, welche die Anwendung des göttlichen Gesetzes der Liebe im Detail schildern. Nur spielt sich dort das Ganze in einer neuen Dimension ab, nämlich in der geistlichen des Reiches Gottes.

Durch seine Belehrungen in Matthäus 18 gibt somit Jesus den Jüngern zu verstehen, was er unter Liebe innerhalb seiner Gemeinde versteht. Es handelt sich dabei nicht um ein undefinierbares Gefühl, das plötzlich in Abneigung oder sogar Hass umschlagen kann. Ganz im Gegenteil, die Liebe ist vom Geist Gottes gewirkt, sie vergeht nicht, sie hat Tiefe und ist sehr real.

In diesem Abschnitt im Matthäusevangelium analysiert Jesus also, wie sich diese Liebe in den Beziehungen unter den Gemeindegliedern auswirkt. Gleichwie sich das Sonnenlicht in sieben Farben auffächert, um einen Regenbogen zu bilden, so sieht man auch die Liebe Gottes in siebenfacher Weise am Werk. Dieses Wirken ist deutlich in den Beziehungen zwischen den Glaubensgeschwistern in der Gemeinde ersichtlich. Dadurch wird gleichzeitig die Einheit des Geistes bewahrt.

Dieses Thema ist für jedes geistliche Werk von entscheidender Bedeutung. Jede Gemeinschaft, die die Prinzipien aus Matthäus 18 nicht ernst nimmt, wird unweigerlich mit großen menschlichen und geistlichen Problemen konfrontiert sein, was von Satan ausgenützt werden wird. Hingegen kann jede Gemeinde, welche diese sieben Prinzipien ernst nimmt, mit der Hilfe und dem Segen des Herrn rechnen.

Ich nenne diese sieben grundlegenden Prinzipien manchmal auch »die sieben Gesetze des Reiches Gottes«. Der Erfolg jeder geistlichen Zusammenarbeit hängt davon ab.[35]

Prinzip Nummer 1: Das Gesetz der Demut

»Darum, wer irgend sich selbst erniedrigen wird wie dieses Kindlein, dieser ist der Größte im Reiche der Himmel« (Mt. 18,4).

35 Ich begnüge mich hier mit einer Zusammenfassung zu diesem Thema. Die vollständige Abhandlung steht in meinem Buch »Explosion de Vie«, Kapitel 3 (S. 134-179) und Kapitel 2 (S. 61-123).

Demut ist im Grunde genommen nichts anderes als ein klarer Blick, das heißt, die Dinge so zu sehen, wie sie wirklich sind. Du bist ein Genie? Niemand anders als Christus hat dir dein Gehirn gegeben mit all seinen Fähigkeiten. Du bist das schönste Mädchen in der ganzen Stadt? Christus hat dein hübsches Gesicht gebildet und nicht du selbst. Was soll der ganze Hochmut, der ganze Stolz? Alles Gute, alles Wertvolle an dir kommt von Gott; deshalb sollst du Ihn rühmen, Ihn allein ehren. Du bist in deiner Gemeinde allen voraus, geistlicher als die andern? Ist es nicht Christus, der dir neues Leben geschenkt hat und das Verlangen, Ihm zu dienen, in dein Herz legte? Auf sich selbst stolz zu sein, sich seiner eigenen Fähigkeiten zu rühmen, ist die größte der Torheiten. Es ist ein Mangel an Intelligenz und ein Verkennen der Wirklichkeit.

Wenn nun Gott dir in der Gemeinde einen Dienst anvertraut, so tut er das im Wissen um *sein* Wirken in dir und durch dich. Du bist nicht besser als die andern, denn wir alle sind von Natur aus in den Augen Gottes völlig verdorben. Er gibt uns eine neue Natur und wirkt in uns, sodass wir Christus ähnlicher werden.

Falls nun bei den Verantwortlichen in der Gemeinde diese gesunde und *normale* Demut nicht vorhanden ist, dann sollten sie schlicht und einfach keine Verantwortlichen sein.

Demut darf aber nicht mit falscher Bescheidenheit verwechselt werden. Diese macht etwas vor, was gar nicht stimmt. Der geistlich gesinnte Gläubige *weiß*, dass er gering, ja dass er ein Nichts ist, da alles Geistliche von Gott und nicht aus uns kommt. Ein solcher Mensch vergisst nie, dass er nur ein *Geschöpf* und ein *Sünder* ist, der durch das Blut Jesu Christi erlöst worden ist. Stolz ist mehr als eine Torheit, es ist eine Beleidigung Gottes, die uns den Menschen um uns her und Gott gegenüber entfremdet. Niemand mag einen stolzen Menschen.

Ein wahrhaft geistlicher Leiter ist für alle zugänglich, für die Jüngsten wie auch für die Schwächsten im Glauben. Christus hat sich erniedrigt und ist Mensch geworden, um die Menschheit zu retten. So muss auch ein Verantwortlicher in der Gemeinde sich auf dieselbe Ebene jener Menschen, denen er dient, begeben können. Ohne diese von Demut regierte Haltung kann er niemals den anderen Geschwistern ein Vorbild sein und ihnen vorangehen.

Die wahre Demut hat auch nichts Künstliches an sich, nichts, worauf man sich etwas einbilden könnte. Sie ist real – eine Frucht des Geistes, die einem erlaubt, die Dinge so zu sehen, wie sie tatsächlich sind. Ein geistlicher Leiter, der von Gott gebraucht wird, weiß um seine eigenen Fähigkeiten als Führer. Er ist nicht blind, sondern sieht ganz klar, dass auch diese Fähigkeiten von Gott gegeben sind und er eines Tages Gott dafür Rechenschaft schuldig ist.

Es kommt manchmal vor, dass die Leiter einer Gemeinde sich schwer tun mit dem Ausleben dieses Gesetzes der Demut, als ob sie befürchteten, den Respekt der Gläubigen und insbesondere der jüngeren Generation zu verlieren. Ich meinerseits kann nur bezeugen, dass die Männer und Frauen Gottes, die ich in meiner Jugend kennen gelernt habe und die diese Demut auch auslebten, so voll Geistes waren, dass sie die Liebe des Christus förmlich ausstrahlten. Ich konnte gar nicht anders, als sie zu *lieben*, und diese Liebe drängte mich auch, sie um so mehr zu *respektieren*. Wenn wir dieses Joch der Liebe auf uns nehmen, verlieren wir keineswegs den Respekt unserer Brüder, sondern *wir gewinnen ihre Liebe*. Falls es einige gibt, die uns dennoch verachten, verlieren wir auch nichts; denn solche Leute können niemanden achten.

Es ist also von höchster Wichtigkeit, dass die Leiter einer Gemeinde *das Vertrauen* der neuen Generation gewinnen. Dies kann aber nicht geschehen, solange sie sich von den Jungen distanzieren. Ein junger Bruder ist geradezu davon abgängig, dass er von den Ältesten verstanden, geliebt und respektiert wird.

Wie nötig hat es die Gemeinde, wieder zurück zur Quelle zu gehen, aufs Neue zu entdecken, was Jesus unter »Gemeinde« versteht! Hätte sie schon immer dieses wichtige Gesetz Christi befolgt, wie viel Leid, wie viele Spaltungen wären dem Leib Christi erspart geblieben ...!

Die Demut ist somit das erste Gesetz des Reiches, die Grundlage aller weiteren Dinge.

Prinzip Nummer 2: Das Gesetz der Aufnahme

»Wer irgendein solches Kindlein aufnehmen wird in meinem Namen, nimmt mich auf.«[36]

Die geistliche Einheit der wahren Gemeinde ist eine unbestreitbare Tatsache. Selbst der kleinste Körperteil eines Menschen oder eines Tieres (dies gilt auch für eine Pflanze) hat in vollem Maße Anteil am Leben des ganzen Körpers. Er wird durch dasselbe Blut genährt, das durch den ganzen Organismus fließt; er ist durch das gleiche Nervensystem mit dem Gehirn verbunden, von wo aus der ganze Körper gelenkt wird. Daher ist für Jesus Christus jeder wahre Gläubige – und mag er noch so schwach oder jung sein – ein Teil von Ihm. Ist ein Finger verletzt oder ein Knochen gebrochen, heißt das ja nicht, dass jener Körperteil nicht länger zum Körper gehört. Die Hand stößt den verletzten Finger nicht von sich, ganz im Gegenteil, sie unterstützt mit allen Mitteln den Heilungsprozess.

Wenn ich also einen »geringen« Bruder in Christus bei mir zu Hause empfange, in meinem Herzen aufnehme, an meinen Tisch einlade und am Tisch des Herrn zulasse – wohlgemerkt, es ist sein Tisch und nicht meiner –, nehme ich Christus selbst auf. Da Christus in jedem Gläubigen lebt, weise ich logischerweise nicht nur den geringen Bruder ab, wenn ich ihn nicht aufnehme, sondern den Herrn selbst. Ebenso wie Millionen von Zellen *identische* Chromosomen und Gene besitzen, so wurden auch jenem geringen Bruder wie einem jeden wiedergeborenen Gläubigen das Leben und die Merkmale Christi seinem Geist eingeschrieben.

Das zweite Prinzip des Reiches Gottes besteht demnach darin, folgende grundlegende Wahrheit anzuerkennen: Ich bin mit jedem Kind Gottes verbunden ... ob es mir nun passt oder nicht;

---

36 Mt. 18,5

das ist ein charakteristisches Merkmal in seinem Reich. Wir sind eins in Christus.

Jede durch das Blut Christi erlöste und durch den Geist erneuerte Seele ist dem Herrn unendlich kostbar – sie ist ein Teil von Ihm. Falls sie in meinen Augen nicht gleich kostbar ist, dann habe ich nicht verstanden, was Jesus unter »Gemeinde« versteht.

Wann soll ich nun einem, der sich Bruder in Christus nennt, die Gemeinschaft verweigern?

Das Neue Testament lehrt eindeutig, dass wir die Schwachen im Glauben aufnehmen sollen;[37] aber es wird ebenso klar gelehrt, dass nicht jedes Glaubensbekenntnis echt sein muss. Die Apostel erwähnen in ihren Briefen *sechs ganz genau umrissene Fälle*, wo wir aufgefordert werden, jemandem, der sich Christ nennt, d. h. vorgibt dem Herrn Jesus nachzufolgen, die Gemeinschaft zu verweigern. Es ist sicher wichtig, an dieser Stelle auf diese Lehre der Apostel einzugehen, auch wenn Jesus selber zu diesem Thema nichts sagt.

Jeder Verantwortliche im Werk Gottes sollte in dieser Frage Klarheit haben. Ansonsten wird die Gemeinde immer wieder vor unlösbaren Problemen stehen, junge Gläubige werden entmutigt und der Name des Herrn wird in den Augen der Welt entehrt werden.

Ich lasse es hier bei einer Zusammenfassung mit biblischen Belegstellen bewenden, warne aber zugleich den Leser vor einer oberflächlichen Betrachtung dieser Prinzipien. Eine falsche Anwendung einer einzigen Bibelstelle kann schwerwiegende Folgen nach sich ziehen und zwar nicht nur jetzt im Werk des Herrn, sondern auch vor dem Richterstuhl Christi. Auch wenn Gemeindezucht angewendet werden muss, dürfen wir nie außer Acht lassen, was das wichtigste Gebot Gottes ist: zuerst die Liebe Gott gegenüber und dann die Liebe zum Nächsten.

37 Röm. 14,1-15,7

Hier folgen nun die sechs klar umrissenen Fälle, bei denen uns Gott gebietet, keinen Umgang mit sogenannten Christen zu haben. In drei Fällen geht es um die Lehre, in den drei andern um den Lebenswandel.

Das Problem der falschen Lehre

Wer *einen anderen Jesus* predigt und dabei leugnet, dass er wahrer Gott und wahrer Mensch ist und zudem die Autorität seiner Worte hinterfragt, insbesondere sein Gebot, dass wir einander lieben sollen (2. Kor. 11,4 und 2. Joh. 5-11). Solche Verführer sollen wir nicht einmal in unser Haus lassen.

Wer *ein anderes Evangelium* verkündigt, das Errettung nicht nur aus Gnade mittels des Glaubens anbietet. Paulus beschreibt die Errettung aus Gnade im Galaterbrief und sagt, wer ein anderes Evangelium verkündige, sei verflucht (2. Kor. 11,4 und Gal. 1,6-9).

Wer *einen anderen Geist* verbreitet. Ich glaube, dass es sich bei diesem »anderen Geist« um denjenigen handelt, der *die Autorität der Bibel leugnet* (2. Kor. 11,4 und 2. Thes. 3,14.15).

Das Problem des schlechten Wandels

Wer in grober Sünde lebt und dadurch öffentlich den Namen des Herrn entehrt (1. Kor. 5,9-13 und 6,9-11). Solche Menschen müssen von der Gemeinde ausgeschlossen werden und wir dürfen nicht einmal mit ihnen essen.

Wer unter den Gläubigen Zwietracht sät und in der Gemeinde Spaltungen verursacht (Röm. 16,17.18 und Titus 3,10.11; vgl. auch Mt. 18,17). Wir sollen uns von solchen »Gläubigen« distanzieren und sie abweisen.

Wer deine Zeit stiehlt und mit endlosen Diskussionen die Gemeinde aufhält (1. Tim. 1,3-7, 6,20.21; 2. Tim. 2,14-17.23; Titus 1,10.11.16; 3,9). Diesem unnützen Gerede sollen wir aus dem Wege gehen und auch jene meiden, von denen dieses Geschwätz ausgeht. Beachtet aber bitte, dass Paulus in diesem Zusammenhang nicht von Ausschluss aus der Gemeinde spricht, sondern vielmehr das rechte Verhalten solchen Gläubigen gegenüber angibt.

Der Leser wird es für notwendig erachten, die Bibelstellen aufzuschreiben und die betreffenden Abschnitte genau zu studieren.

Für jeden oben genannten Fall gibt uns Gott klare Anweisungen, was zu tun ist. Auch wenn Gott in solchen Situationen von uns Gehorsam erwartet, so hindert uns dies nicht, *die betreffenden Menschen zu lieben*, für sie zu beten, ihnen zu helfen; ein wahrer Christ wird aber niemals ihren schlechten Wandel und ihr falsches Bekenntnis *gutheißen* oder daran *teilhaben*. Das hieße nämlich das Evangelium vor der Welt in Verruf bringen.

Mit Ausnahme jener sechs Fällen fordert uns Christus auf, jeden Gläubigen, und sei er noch so schwach oder jung, aufzunehmen, denn auf diese Weise nehmen wir Ihn auf (Mt. 18,5). Ob wir dies einsehen wollen oder nicht, die Tatsache bleibt, dass wir alle mit dem Herrn Jesus Christus untrennbar verbunden sind.

Die Apostel begegneten eines Tages einem Mann, der im Namen Jesu Dämonen austrieb und sie verwehrten es ihm mit der Begründung »weil er uns nicht nachfolgt«.

Jesus verabscheut jede Art von Exklusivismus. Wie kann ich vorgeben, den Herrn bei mir zu haben, wenn ich meinen Glaubensbruder nicht aufnehme?

»*Wehret ihm nicht, …, denn wer nicht wider uns ist, ist für uns*«, entgegnete Jesus.[38]

Prinzip Nummer 3: Das Gesetz des Fallstricks

»*Wer aber irgendeines dieser Kleinen, die an mich glauben, ärgern wird, dem wäre es besser, dass ein Mühlstein an seinen Hals gehängt und er in die Tiefe des Meeres versenkt würde*« (Mt. 18,6).

»Ärgern« bedeutet im Griechischen: »zu Fall bringen« oder »einen Fallstrick legen«. Wenn durch meine Haltung oder Sünde

38 Mk. 9,38-41

ein junger oder schwacher Gläubiger zu Fall kommt und Schiffbruch erleidet, dann wäre es besser, der Herr würde mich aus diesem Leben nehmen, damit meine Seele gerettet werde, »doch so wie durchs Feuer« (1. Kor. 3,15), als dass ich weiterhin sündige und andere zu Fall bringe. Ich werde eines Tages vor dem Richterstuhl Christi Rechenschaft ablegen müssen für jeden Gläubigen, der wegen meiner übertrieben harten oder zu weichen Haltung, wegen meines Stolzes oder meines schlechten Vorbildes im Glauben gescheitert ist.

Prinzip Nummer 4: Das Gesetz des gegenseitigen Respekts

»Sehet zu, dass ihr nicht eines dieser Kleinen verachtet; denn ich sage euch, dass ihre Engel im Himmel allezeit das Angesicht meines Vaters schauen, der in den Himmeln ist« (Mt. 18,10).

Ich habe nicht das Recht, auf irgendein Kind Gottes, und sei es noch so schwach im Glauben, herabzusehen. Gott betrachtet es als eines seiner geliebten Kinder. Außerdem ist dieses schwächere Glied in den Augen Gottes vielleicht von höherem Wert als ich, denn nur Gott kennt seine tieferen Beweggründe und seine Lebensumstände. Womöglich sieht jener Gläubige in vielen Dingen nicht ganz klar oder er hat nicht die gleichen Vorrechte genossen wie ich. Wenn ich auch besser dran bin als er, so ist dies einzig eine Folge der Gnade Gottes. Für den Herrn ist dieser Gläubige kostbar, denn er hat sein Blut für ihn wie auch für mich vergossen.

Gott verlangt aber nicht von uns, dass wir die Augen vor der Sünde verschließen, ganz im Gegenteil: Wir sollen die Sünde richten, aber zugleich Mitleid mit dem Sünder haben. Wir müssen alles in unserer Macht Stehende tun, um ihn zu Gott zurückzuführen, damit er von seiner Sünde befreit werden kann. Die Sünde und nicht den Sünder sollen wir richten. Gott ist es, der den Menschen richtet, denn dazu sind wir schlichtweg nicht fähig.

Ebenso wahr ist es, dass, wenn die Gemeinde die Sünde nicht richtet, der Herr die Gemeinde dann richten wird.

Wie können wir indessen die Sünde unseres Mitbruders richten, wenn wir unsere eigene Sünde noch nicht gerichtet haben?[39] Jesus ruft uns in Erinnerung, dass wir nach demselben Maßstab gerichtet werden, mit dem wir die anderen richten. »Die Barmherzigkeit triumphiert über das Gericht.«[40]

Nicht nur die Beziehungen zwischen einzelnen Gläubigen sollten von gegenseitiger Achtung geprägt sein, auch die Beziehungen zwischen den Gemeinden sollten davon gekennzeichnet sein. Unsere Gemeinde mag von besonders guten Unterweisungen profitiert haben, dennoch ist dies kein Grund, auf andere Gemeinden herabzusehen oder sie sogar zu verachten. Wenn wir mit besonderen geistlichen Privilegien gesegnet sind und andere nicht, so sind wir verpflichtet, den anderen damit zu dienen. Vorrechte bringen eine schwere Verantwortung mit sich! Falls du geistlich reich bist, glaube ja nicht, dass du deswegen besser bist! Das Mindeste, was wir in einem solchen Fall zu tun haben, ist, die weniger privilegierten Geschwister zu lieben ... so wie Christus uns liebt.

Jesus ist in diese Welt gekommen, um zu dienen und nicht, um bedient zu werden. Er ist vor seine Jünger hingekniet und hat ihnen die Füße gewaschen und er fand dies ganz normal. Es ist nun an uns, seinem Beispiel nachzueifern.

Prinzip Nummer 5:
Das Gesetz vom Vorrang der Evangelisation

»Denn der Sohn des Menschen ist gekommen, das Verlorene zu erretten. Was dünkt euch? Wenn irgendein Mensch hundert Schafe hätte und eines von ihnen sich verirrte, lässt er nicht die neunundneunzig auf den Bergen und geht hin und sucht das irrende? Und wenn es geschieht, dass er es findet, wahrlich, ich sage euch, er freut sich mehr über dieses als über die neunundneunzig, die nicht verirrt sind. Also ist es nicht der Wille eures Vaters, der in den Himmeln ist, dass eines dieser Kleinen verloren gehe« (Mt. 18,11-14).

39 Mt. 7,1-5
40 Jak. 2,13

Jede Gemeinde, die den Evangelisationsauftrag aus den Augen verliert, die vergisst, dass für Gott ein Sünder, der Buße tut, wichtiger ist als der gute Wandel von 99 Christen, ist eine abgewichene, strauchelnde, kraftlose Gemeinde. Gott gibt der Errettung der Verlorenen den Vorrang. Die Gemeinde muss dem Beispiel des Herrn Jesus folgen, der nur ein Ziel hatte: die Errettung der Verlorenen. Das ist auch der Hauptgrund unseres Daseins auf dieser Erde. Verlieren wir dieses Ziel aus den Augen, verfehlen wir das, worauf es in unserem Leben ankommt.

Eine Gemeinde, deren Zusammenkünfte und Aktivitäten sich nur um die Gemeinde drehen, die einzig um ihre »geistliche Nahrungsaufnahme« besorgt ist und kein Anliegen und Erbarmen für die Verlorenen hat, kennt auch die Freude nicht, die den Himmel bei der Bekehrung eines Sünders erfüllt. Gewiss ist das Wohlergehen der 99 dem Herrn nicht gleichgültig, aber sein Hauptaugenmerk gilt der Bekehrung des Sünders.

Wie oft hat man schon von geistlicher Erweckung gesprochen! Eine wahre Erweckung geschieht dann, wenn die Gemeinde aus ihrem Schlaf erwacht und mit geöffneten Augen die reife Ernte wahrnimmt, die langsam aus Mangel an Arbeitern verdirbt.

Alle geistlichen Bewegungen unserer Zeit können mit diesem »Messgerät« geprüft werden. Welches Ziel verfolgt diese oder jene Bewegung? Steht das Wohlbefinden ihrer Mitglieder im Vordergrund? Geht es ums Prestige einer Denomination? Hat man geistliche Pläne, die gut und richtig sind, jedoch nicht direkt die Errettung der Verlorenen und die Evangelisation der Welt zum Ziel haben?

Da Jesus gekommen ist, um die Menschen retten, so sollte auch seine Gemeinde bereit sein, alles in die Waagschale zu werfen, zu leiden, alles hinzugeben, damit die Verlorenen zu Christus finden.

Sonst gleicht sie einem Mann, der, anstatt zu arbeiten, nur die ganze Zeit isst. Übergewicht und Herzprobleme sind die logische Folge. Sobald das Herz in Mitleidenschaft gezogen ist, geht es abwärts mit ihm. Eine lebendige Gemeinde bekommt sicher genügend Nahrung, nur soll sie diese nicht um des Essens willen zu sich nehmen, sondern um für die Arbeit gerüstet zu sein. Nahrung und Arbeit zusammen machen erst eine gute Gesundheit aus.

Prinzip Nummer 6: Das Gesetz der Versöhnung

»Wenn aber dein Bruder sündigt, so gehe hin, überführe ihn zwischen dir und ihm allein. Wenn er auf dich hört, so hast du deinen Bruder gewonnen. Wenn er aber nicht hört, so nimm noch einen oder zwei mit dir, damit aus zweier oder dreier Zeugen Mund jede Sache bestätigt werde. Wenn er aber nicht auf sie hören wird, so sage es der Versammlung; wenn er aber auch auf die Versammlung nicht hören wird, so sei er dir wie der Heide und der Zöllner« (Mt. 18,15-17).

Dieses Thema ist in drei Stufen gegliedert:

Jesus verbietet uns, hinter dem Rücken der Geschwister schlecht zu reden. Wenn wir mitjemandem ein Problem haben, muss man unter vier Augen miteinander sprechen. Zugegeben, es fällt uns nicht immer leicht, das ohne Zorn und Groll in uns zu tun … besonders dann, wenn wir nicht für den andern gebetet haben. Ich mache die Erfahrung: Je mehr ich für jemanden bete, umso eher kann ich ihn lieben und desto weniger ärgere ich mich über ihn. In dem Maße wie ich für andere bete, wird mir meine eigene Sündhaftigkeit bewusst. Wenn ich mich von Gott verändern lasse und demütig werde, wird der Andere viel eher auf meine Worte achten.

Falls mein Bruder doch nicht auf mich hört, so gibt mir das dennoch nicht das Recht, schlecht über ihn zu reden oder Geschichten über ihn zu verbreiten. Ich muss vielmehr einen oder zwei Zeugen mitnehmen und versuchen, gemeinsam das Problem objektiv zu lösen.

Wenn er sich weiterhin weigert uns zuzuhören, dann gebietet uns Jesus, die Angelegenheit vor die Gemeinde zu bringen (V. 17).

Nun ist eine Gemeinde, welche die sieben in Matthäus 18 erwähnten Prinzipien beherzigt, imstande, mit Hilfe des Heiligen

Geistes einem derartigen Problem zu begegnen und es auch zu lösen. Dagegen wird eine Gemeinde, die sich nicht an die Unterweisungen des Herrn hält, bei solchen schwierigen Auseinandersetzungen völlig aus der Bahn gebracht werden. Sie wird in ihrem Bestreben, einen Skandal oder eine Spaltung zu vermeiden, die Augen vor den Tatsachen verschließen, alles verschweigen, nie etwas unternehmen und endlos abwarten wollen … bis sich der Herr Jesus von dieser Gemeinde zurückziehen wird. Durch ein solches Dulden der Sünde öffnet man den Mächten der Finsternis einen Zugang, die anschließend alles daran setzen werden, um jene Gemeinde zu zerstören. Wie viele junge Geschwister, aber auch ältere, sind als Folge von derartigem Versagen geistliche Krüppel geworden! Wie viele Opfer hat das Gift der Zunge schon gefordert?

Die Sünde gleicht einem sich ausbreitenden Virus. Er bleibt nicht allein, sondern vermehrt sich, wird größer und stärker, steckt den Nächsten an, dann die ganze Gemeinde und schlussendlich die ganze Stadt. Dies ist das bevorzugte Mittel Satans, das Zeugnis Christi zu zerstören.

Wenn aber die Gemeinde die Belehrungen des Herrn ernst nimmt und anwendet, dann kann sie bei der Lösung ihrer Probleme mit der Hilfe des Geistes rechnen. Kein Problem ist für Jesus Christus zu groß und zu kompliziert. Noch nie habe ich es erlebt, dass in einer Gemeinde, die die Unterweisung des Herrn befolgte, dieses Prinzip völlig versagt hätte … sofern die Anwendung in Liebe geschah, von Gebet und Fasten (so Gott will) begleitet war und diese Frage von der Bibel her allen klar erklärt wurde. Ich habe schon gesehen, wie fast hoffnungslose Situationen durch das Eingreifen Gottes gelöst wurden, ohne menschliches Dazutun. Das geschieht aber nur in einer Gemeinde, die wirklich einmütig und von der Gegenwart des Herrn und seiner Liebe und Autorität erfüllt ist.

Falls nun jener Bruder nicht auf die Gemeinde hören will, so soll man ihn nach den Worten des Herrn wie einen Zöllner und Sünder betrachten. Das heißt, dass er nicht mehr als Kind Gottes bezeichnet werden kann. Durch seine Unbeugsamkeit deutet er an, dass er womöglich nicht wiedergeboren ist. *Dennoch sollen wir ihn weiterhin lieben*, für ihn beten und hoffen, dass er eines Tages seine Haltung ändert; in den Augen des Herrn, wie auch für die Gemeinde, ist er jedoch kein wahrer Gläubiger.

Jesus fährt fort und sagt: »*Wahrlich, ich sage euch: Was irgend ihr auf der Erde binden werdet, wird im Himmel gebunden sein; und was irgend ihr auf der Erde lösen werdet, wird im Himmel gelöst sein*« (V. 18). Diese Aussage trifft aber nur für eine Gemeinde zu, die nach den Prinzipien des Herrn Jesus lebt.

Prinzip Nummer 7: Das Gesetz der gegenseitigen Vergebung

»*Dann trat Petrus zu ihm und sprach: Herr, wie oft soll ich meinem Bruder, der wider mich sündigt, vergeben? bis siebenmal? Jesus spricht zu ihm: Nicht sage ich dir bis siebenmal, sondern bis siebzig mal sieben ...*« (Mt. 18,21-35).

Jesus erzählt hernach die Geschichte eines Mannes, der seinem Meister eine Riesensumme Geld schuldet, die ihm aus lauter Gnade erlassen wird. Derselbe Mann begegnet kurz darauf einem Freund, der ihm einen lächerlich kleinen Betrag schuldet. Anstatt ihm diese Schuld zu erlassen, lässt er ihn ins Gefängnis werfen. Sein Meister lässt ihn dann zu sich rufen und erklärt ihm, dass seine Schuld nun doch nicht vergeben wurde, da er anscheinend *gar nichts von der Vergebung verstanden habe*. Hätte er tatsächlich begriffen, was Gnade ist, wäre auch er vom *Geist der Gnade* erfüllt gewesen und hätte seinerseits Gnade gegen andere walten lassen. Er hatte im Gegenteil den Schuldenerlass aus purem Egoismus missbraucht und überhaupt keine Dankbarkeit gezeigt, die eine Seele kennzeichnet, die den Wert der Vergebung, das *Geschenk der Gnade* begriffen hat.

Der Herr schließt dieses Kapitel mit den Worten: »*Also wird auch mein himmlischer Vater euch tun, wenn ihr nicht ein jeder seinem Bruder von Herzen vergebet*« (V. 35). Die Tatsache, dass der Herr dieses Gleichnis an seine Jünger richtet, wirft schwerwiegende Fragen auf. Heißt dies alles, dass wir unser Heil wieder verlieren können, dass die Vergebung Gottes rechtlich rückgängig gemacht werden kann, wenn wir tatsächlich einem Bruder nicht von ganzem Herzen vergeben? Eine solche Frage lässt uns erzittern, und doch glaube ich nicht, dass Jesus in dieser Stelle lehrt, dass wir unser Heil verlieren können. Unsere Errettung hinge dann nicht mehr allein von der Gnade Gottes, von seiner Verheißung, von seinem Blut ab, sondern auch von unserem Werken, von unserem Verdienst.

Was wir jedoch verlieren können, ist die *väterliche* Vergebung Gottes. Anders ausgedrückt: Wenn ich meinem Bruder nicht vergebe, entzieht mir Gott seine Gemeinschaft, er erfüllt mich nicht mehr mit seinem Geist, er hält seinen Segen zurück, bis ich Buße tue und meinerseits vergebe. Um die Freude der göttlichen Vergebung zu genießen, muss man selber vergeben können.

Wer sich hingegen weigert, anderen zu vergeben, gibt damit zu erkennen, dass er nicht errettet ist; er ist noch nicht wiedergeboren; er befindet sich noch in der Finsternis, obwohl er annimmt, gerettet zu sein; *er hat von der Vergebung nichts begriffen.* Das Wort »vergeben« (im Griechischen: *charidzomai*) bedeutet »Gnade ausüben«, »Milde üben«. Die Fähigkeit, von Herzen zu vergeben, kennzeichnet den wahren Christen.

Am Kreuz Christi zeigt sich die ganze Tiefe und Bedeutung der Liebe Gottes. Seine Gnade ist der Ausfluss seiner Liebe, die *gibt* und *vergibt*. *Die Vergebung ist das Echtheitszertifikat der Wiedergeburt.* Von allen menschlichen Erfahrungen spiegelt sie das göttliche Wesen am besten wider. Einzig auf dieser Grundlage kann die Einheit in der Gemeinde verwirklicht werden.

Hätten doch alle jene, die sich Christen nennen, einander immer so vergeben, wie Jesus uns vergeben hat, wäre die Geschichte Europas geprägt gewesen von göttlichen Machtbezeugungen und Harmonie. Die Welt könnte einem derartigen Zeugnis des Geistes Gottes gegenüber ganz einfach nicht gleichgültig bleiben.

Das ist es, was Jesus unter »Gemeinde« versteht.

Drei Verheißungen

Zwischen dem sechsten und siebten Prinzip schiebt Jesus drei Verheißungen ein, die ein wesentlicher Bestandteil der sieben Gesetze aus Matthäus 18 sind. Man darf diese Verheißungen jedoch nicht aus dem Zusammenhang reißen und sie in Anspruch nehmen, ohne die dazugehörenden wichtigen Belehrungen zu beachten; eine derartige Auslegung ist unlauter. Die Verheißungen sind auf die Gemeinde anwendbar, die im Licht der sieben Prinzipien, die der Herr in diesem Abschnitt erwähnt, wandelt.

Die erste Verheißung

»Was irgend ihr auf der Erde binden werdet, wird im Himmel gebunden sein; und was irgend ihr auf der Erde lösen werdet, wird im Himmel gelöst sein« (Mt. 18,18).

Eine Gemeinde, die wirklich im Herrn eins ist, hat die Macht, auf der Erde Dinge zu verändern, Sachen in Bewegung zu bringen, die sich in die Ewigkeit auswirken. Sie kann die unsichtbare Welt beeinflussen, die Mächte der Finsternis in ihrem Machtbereich bekämpfen, vom Satan gebundene Seelen und Körper befreien. Der Herr stellt den Jüngern seine eigene Autorität zur Verfügung.

Wir können somit den Namen Jesu auf dieselbe Art und Weise in Anspruch nehmen wie jemand, der die Vollmacht besitzt, sich einen Scheck anstelle des Kontoinhabers auszustellen zu lassen. In der Nacht vor seinem Tod sprach Jesus zu den Aposteln und sagte: »Was irgend ihr bitten werdet in meinem Namen, das werde ich tun« (Joh. 14,13).

Er gibt uns also das Recht, in seinem Namen an seiner Stelle »zu unterschreiben«. Es liegt jedoch auf der Hand, dass dies ein völliges Einssein unsererseits einschließt. Wir können unmöglich an seiner Stelle unterschreiben, ohne mit Ihm eins zu sein. Das bedeutet, dass wir uns seinem Willen unterordnen, uns von ganzem Herzen mit seinen Plänen, seinem Begehren identifizieren; wir streben auf dasselbe Ziel zu.

Es versteht sich von selbst, dass die Inanspruchnahme dieser Vollmacht bedeutet, dass wir auch die geistlichen Prinzipien, die im Zusammenhang mit dieser Verheißung erwähnt werden, beachten und anwenden. Alles andere wäre eine Illusion, ja eine Beleidigung des Herrn, der uns ein »Partnerkonto« bei seinem Vater eröffnet hat.

Wie nötig hat es die Gemeinde des Herrn, diese Zusammenhänge zu verstehen!

Die zweite Verheißung

»Wenn zwei von euch übereinkommen werden über irgendeine Sache, um welche sie auch bitten mögen, so wird sie ihnen werden von meinem Vater, der in den Himmeln ist« (Mt. 18,19).

Gott antwortet auf die Bitten einer Gemeinde, die eins ist, die gemeinsam voran geht, die ein Herz und eine Seele ist, die gegenseitige Achtung ernst nimmt, die von Liebe, Vergebung, Versöhnung und einer Retterliebe geprägt ist. Eine solche Gemeinde trachtet spontan und jederzeit danach, den Willen ihres Meisters zu tun. Ihre Gebete werden vom Heiligen Geist so gelenkt, dass sie dem Willen Gottes entsprechen. Sie kann mit Zuversicht beten und vertrauen, dass Gott auf ihre Bitten hin eingreift, besonders dann, wenn sie für die Errettung von Seelen eintritt und es ihr ein Anliegen ist, dass Christus allen Menschen verkündigt wird. Gott wird auf jeden Fall in der einen oder anderen Art auf solche Gebete antworten.

Um von diesem großartigen Vorrecht profitieren zu können, braucht es keine große Anzahl Christen. Jesus sagt: »Wenn *zwei* von euch ...« Nur zwei! Man muss dabei bedenken, dass diese Worte nicht an die große Volksmenge, an irgendjemanden, sondern an die *Jünger* gerichtet waren und im Zusammenhang mit der Unterweisung über die geistliche Einheit ausgesprochen wurden. Zwei Menschen, die für Gott leben, die demütig sind, die ihre Glaubensgeschwister achten, die einander vergeben, die sich auch aussöhnen und für die Errettung der Ungläubigen besorgt sind ... diese zwei Menschen haben zusammen eine größere geistliche Kraft als Dutzende »normaler« Gemeinden!

Gott fordert uns heraus, von Ihm Gebetserhörungen zu erwarten, die weit über unsere Erwartungen gehen, sofern sie seinem Willen entsprechen. Sein Wille steht oft im Gegensatz zu unseren menschlichen Vorstellungen und überrascht uns immer wieder aufs Neue. Der Geist Gottes erleuchtet uns und lässt uns Gottes Absichten erkennen, zum Beispiel was er in unserem Dorf wirken möchte oder wie unsere Generation erreicht werden kann.

Vergessen wir aber nicht die drei Bedingungen zum erhörlichen persönlichen Gebet:[41]

Ein gutes, reines Gewissen vor Gott. »Betrübet nicht den Heiligen Geist Gottes.«[42]

Ein lauteres Herz (gehorsam, fest); ein Gott unterworfener Wille. »Den Geist löschet nicht aus.«[43]

Absolute Glaubenszuversicht. Keinerlei Zweifel über die Zuverlässigkeit der Bibel. »Wandelt im Geist.«[44]

Für das gemeinschaftliche Gebet kommt eine Bedingung hinzu, nämlich jene, die uns der Herr in Matthäus 18 nahelegt (vor allem Vers 19):

Das geistliche Einssein in Christus, die Übereinstimmung mit Gottes Absichten.

Geistliche Einheit bedeutet aber nicht zwangsläufig, dass man zu allen denkbaren Fragen die gleiche Meinung haben muss. Die Einheit, von der Jesus spricht, ist die Einheit im Geist. Es ist eine Sache des Herzens, die uns befähigt, den Willen Gottes vor Augen zu haben, uns mit der Liebe des Christus zu lieben und als seine Zeugen in der Welt zu leben. Letzteres ist übrigens das einzige Ziel, das alle Jünger Jesu einen kann. Die Errettung von

---

41 Hebr. 10,19-22; Mt. 6,9-10
42 Eph. 4,30; 1.Joh. 1,9
43 1.Thes. 5,19; Joh. 14,15.21.23.24; 1.Joh. 2,4
44 Gal. 5,16; Jak. 1,6.7; Mt. 17,20; Mk. 11,23.24

Menschen ist eine ernsthafte Sache und deshalb nimmt Gott auch unsere Gebete diesbezüglich ernst.

Die dritte Verheißung

»Denn wo zwei oder drei versammelt sind in meinem Namen, da bin ich in ihrer Mitte« (Mt. 18,20).

Diese Aussage ist das Herzstück aller Unterweisungen des Herrn Jesus über seine Gemeinde. Begreifen wir den Sinn dieser Worte, dann haben wir auch das Wesentliche darüber erfasst, was in den Augen Gottes eine wahre Gemeinde kennzeichnet.

Wie oft wurde dieser Vers schon missbraucht und ohne Bezug zum Zusammenhang angeführt! Man rechnet ganz selbstverständlich mit der Gegenwart des Herrn, nur weil zwei oder drei, hundert oder tausend Christen beisammen sind. Was für eine Torheit anzunehmen, der Herr sei zwangsläufig gegenwärtig, wenn über Ihn gesprochen wird oder wenn ein paar Gläubige sich aus religiösen Motiven treffen!

Jesus meint mit obigen Worten nicht, dass seine Gegenwart allein davon abhängt, dass einige Gläubige am selben Ort versammelt sind. Er sagt nicht »*in* meinem Namen versammelt«, wie es in den meisten Übersetzungen steht und auch häufig zitiert wird. Im griechischen Text wird die Präposition *eis* verwendet mit anschließendem Akkusativ. Dieser Ausdruck beinhaltet den Gedanken einer Bewegung oder Gravitation zu einem Punkt hin; er drückt also keineswegs etwas Statisches sondern etwas Dynamisches aus. Außerdem bedeutet das Verb *synagoguein*, das gewöhnlich mit »versammelt sein« übersetzt wird, wörtlich: in Richtung zum Mittelpunkt ziehen oder drängen. Im vorliegenden Fall handelt es sich beim Mittelpunkt um den »Namen« des Herrn Jesus, was ebenso gut mit »Person« übersetzt werden kann, da in der Bibel, besonders im Hebräischen, der Name und die Person praktisch identisch sind. Man kann den Namen Gottes nicht von seiner Person trennen. Wenn man seinen Namen missbraucht, so lästert man gleichzeitig gegen Gott selbst. Petrus erklärt den Juden in Apostelgeschichte 4 (V. 10-12), dass der Lahme *in dem Namen* Jesu Christi geheilt worden war.

Was hat nun Jesus mit seinen Worten tatsächlich gemeint? Wie früher schon erwähnt, ziehe ich es manchmal vor, einen Text anhand des Griechischen neu zu übersetzen. Nach meiner Überzeugung lautet die richtige, sinngemäße Wiedergabe dieser Aussage des Herrn Jesus so: »Da, wo zwei oder drei *in meiner Person integriert sind*, bin ich in ihrer Mitte.«

Die Gegenwart des Herrn ist zwei oder drei Menschen – oder auch vielen mehr – zugesagt, die in Ihm integriert sind, in seiner Person, in gleicher Weise wie die Elektronen im Atom oder die Teile einer Zelle in der Zelle. Da, wo die Jünger im Herrn »zusammengeschweißt« sind, da ist er mitten unter ihnen!

Ein noch schöneres Bild finden wir in den Zweigen, die völlig und unversehrt mit dem Baum verbunden sind und so vom Saft, der von den Wurzeln hochsteigt, durchdrungen sind, was sich in dichten Blätterwerk, leuchtenden Blüten und herrlichen Früchten äußert.

Für den Herrn Jesus ist die Gemeinde ein lebendiger Organismus, sein Leib, der bis in die hinterste Zelle von seiner Lebenskraft und seinem Wesen erfüllt ist. *Da, wo seine Jünger diese innige Beziehung begreifen und ausleben, sichert der Herr seine Gegenwart zu. Das ist dann die wahre Gemeinde.*

Für die Jünger, die ja das Alte Testament kannten, muss diese Zusage umwerfend gewesen sein. Sie wurden an die Feuersäule und die Wolkensäule erinnert, welche Israel beim Auszug aus Ägypten begleitet hatten.[45] Sie ließ sie an das furchterregende Herabsteigen Gottes auf den Berg Sinai denken, als er die Zehn Gebote übergab.[46] Sie dachten an den Tag, an dem Mose die Stiftshütte vollendet hatte und Gott die Wohnung mit seiner Herrlichkeit erfüllte.[47] Desgleichen auch an die Einweihung des Tempels

45 2.Mo. 13,20.21
46 2.Mo. 19+20
47 2.Mo. 40,34.35

Salomos, als an jenem Tag 120 Priester den Dienst verrichteten und alle »*wie ein Mann waren, um eine Stimme ertönen zu lassen, den Herrn zu loben und zu preisen*«, da »*wurde das Haus, das Haus Gottes, mit einer Wolke erfüllt … denn die Herrlichkeit des Herrn erfüllte das Haus Gottes*«.[48] All das war so gewaltig, dass sogar Mose zum Ausspruch gedrängt wurde: »*Ich bin voll Furcht und Zittern.*«[49]

Die Zahl 120 – was für ein Zufall![50] – weist uns auch auf die Zahl der Jünger in der ersten Gemeinde in Jerusalem hin.[51] Von ihnen wird uns berichtet, dass die 120 »*alle einmütig im Gebet verharrten*« (Apg. 1,14) und dass »*sie alle an einem Ort beisammen waren*« (2,1). Da geschah es, dass das Haus, in dem sie versammelt waren, von der Gegenwart Christi erfüllt wurde, dass vom Himmel her ein gewaltiges Brausen ertönte, welches die Stadt erschütterte und die Leute auf die Straßen trieb, um dem Zeugnis einer Handvoll Jünger zuzuhören. Der Geist des Herrn hatte diese ängstliche Schar in eine mutige Truppe verwandelt, sie zum Sprachrohr Gottes gemacht, um allen Nationen das Evangelium zu verkünden. Die hoffnungslos aussehende Lage hatte sich durch die Gegenwart des Herrn inmitten der Seinen völlig verwandelt … genauso wie es der Herr in Matthäus 18,20 verheißen hatte.

Die ersten Christen wurden durch diese eindrückliche Erfahrung tief geprägt. Ihnen war von Anfang an die Gegenwart des Herrn inmitten der Gemeinde bewusst, durch welche ihre Gottesdienste in *Begegnungen mit Christus* umgestaltet wurden. Ich bin überzeugt, dass diese Entwicklung genau den Erwartungen des Herrn entsprach, als er sagte: »*Da bin ich in ihrer Mitte.*« Ohne seine Gegenwart hat die Gemeinde keinen Sinn.

Die Propheten im Alten Testament erwarteten mit Ungeduld das Kommen des Messias. Sie beschrieben es als »ein Feuer, das vor ihm her frisst, während es rings um ihn gewaltig stürmt«,[52] als ein Licht, dessen Glanz die Augen seiner Feinde in ihren Höhlen ver-

48 2. Chr. 5,11-14
49 Hebr. 12,18-21
50 2. Chr. 5,12
51 Apg. 1,15
52 Ps. 50,3

faulen lässt.[53] Wenn er kommt, »wird die Erde voll sein der Erkenntnis des Herrn, gleichwie die Wasser den Meeresgrund bedecken«.[54]

Die Apostel im Neuen Testament erwarteten ebenfalls den Tag, an dem Jesus Christus den Antichristen vernichten würde »durch die Erscheinung seiner Ankunft«[55] und »wenn er kommen wird, um in seinen Heiligen verherrlicht zu werden«.[56]

Die Apostel sprechen häufig vom Kommen des Herrn, das sie als *Parousie* bezeichneten. Dieser Ausdruck ist eine stärkere Bezeichnung als »Ankunft«; es bedeutet wörtlich »Gegenwart«.

Die drei Apostel, welche Jesus auf den Berg der Verklärung begleitet hatten, fürchteten sich bei jener Begebenheit.[57] Petrus beschreibt in seinem Brief dieses Ereignis als »*die Macht und Ankunft* (gr. *parousia*) *unseres Herrn Jesus Christus ... seiner Majestät ... die prachtvolle Herrlichkeit*«.[58] Paulus wurde von der Erscheinung dieser göttlichen Herrlichkeit in der Person Jesu Christi überwältigt und verändert, geblendet und zu Boden geworfen.[59] Auch der vielgeliebte Apostel Johannes fiel wie tot um, als er auf der Insel Patmos dem Herrn begegnete.[60]

Auch das Volk Israel unterschied sich einzig durch die Gegenwart Gottes in ihrer Mitte (von den Juden als *die Schekina* bezeichnet) von den anderen Nationen. Dies hatte Mose sehr gut verstanden, als er betete: »*Wenn dein Angesicht nicht mitgeht, so führe uns nicht hinauf von hier.*«[61] Gleicherweise unterscheidet sich die Gemeinde von allen anderen Gruppierungen einzig durch die Gegenwart des Herrn Jesus in ihrer Mitte. Wenn seine *Schekina*, seine *Parousie* wegbleibt, was soll man da noch von Gemeinde sprechen?

53 Sach. 14,12
54 Jes. 11,9
55 2. Thes. 2,8
56 2. Thes. 1,10
57 Lk. 9,32-34
58 2. Pet. 1,16-18
59 Apg. 9,4
60 Off. 1,12-17
61 2. Mo. 33,14-16

Es geht hierbei um Übereinstimmung oder *Identifikation*. Eine gute Ehe erkennt man daran, dass die Eheleute in vielem übereinstimmen, ein Ja zueinander haben. Jesus Christus will sich mit seinem Volk identifizieren. Damit dies aber sichtbar und konkret wird, müssen seine Jünger es auch von ganzem Herzen wollen. Wenn nun zwei oder drei Menschen mit Christus eins sind, so können sie gar nicht anders, als dieses Einssein auch *untereinander* auszuleben. Die Gnade, welche die Beziehung des Herrn zu jedem Gläubigen kennzeichnet, wird dann ebenfalls unter den Gläubigen selbst Wirklichkeit. Der Körper eines Menschen, eines Tieres oder auch eines Baumes ist ein Wunderwerk an Schönheit und Kraft, solange alle Glieder, alle Organe und Zellen gesund und im Gleichgewicht sind. Die verschiedenen Körperteile, welche zum Funktionieren des ganzen Körpers beitragen, werden vom selben Blut ernährt und belebt, von derselben Intelligenz und dem gleichen Nervensystem geleitet. So wird auch die Gemeinde Leben versprühen und Harmonie ausstrahlen, wenn alle Glieder des Leibes Christi, unter der Leitung des Hauptes, Christus, zum guten Funktionieren des Ganzen beitragen. Sie bringt Gottes Wesen zum Ausdruck und wirkt überzeugend.

Die Gegenwart des Herrn ist es, die der Gemeinde ihre Daseinsberechtigung gibt. Ein Körper ohne Sauerstoff ist nichts anderes als eine Leiche. Ein unbewohntes Haus ist etwas Sinnloses: ob es bescheiden ist, herrschaftlich, modern oder genormt ist einerlei – ist es leer, ist es nutzlos. So ist auch eine Gemeinde, auch wenn sie groß und gut eingerichtet ist, nur eine lose Ansammlung von Menschen, wenn Christus nicht in ihrer Mitte ist. Sie ist ein bloßes Gerüst, ein leere Hülse. Im Laufe der Jahrhunderte wurden Kathedralen gebaut in der Meinung, Gott sei dort gegenwärtig, doch »Gott wohnt nicht in Tempeln, die mit Händen gemacht sind«.[62] Selbst »die Himmel können ihn nicht fassen«.[63] Man hat versucht, die Gegenwart Christi in Statuen, ja sogar in einer Handvoll Mehl festzuhalten ... Gleichwohl »ist es der Geist, der lebendig macht; das Fleisch nützt nichts«. Dies sagt Jesus

62 Apg. 17,24
63 2. Chr. 6,18

selbst[64] und er fügt hinzu: »Gott ist Geist und die ihn anbeten, müssen in Geist und Wahrheit anbeten.«[65]

Nein, die Gegenwart des Herrn ist nur für diejenigen, die wirklich bereit sind, »in seiner Person integriert zu sein« und sich dabei von ganzem Herzen und mit ihrer ganzen Seele mit Ihm und seinem Willen identifizieren.

Diese Gegenwart des Herrn ist nichts anderes als seine *Parousie*, die *Schekina*, die *Herrlichkeit* Gottes. Eines Tages werden wir diese Parousie in Herrlichkeit vor den Augen aller Nationen geoffenbart sehen; wir brauchen jedoch hierfür nicht bis zur Wiederkunft des Herrn zu warten. Je inniger wir mit dem Herrn verbunden sind und unser Geist dafür empfänglich wird, umso eher wird diese Parousie jetzt schon zur überwältigenden Realität. Das ist es, was der Herr seiner Gemeinde klarmachen möchte. Ist das nicht eine herrliche, alles überragende Vorstellung?

Für die Apostel war die Gegenwart des Herrn alles. Sie rechneten mit ihr in allen ihren Begegnungen und auf allen ihren Wegen. Man kann eine solche Erfahrung nicht beschreiben. *Man muss sie selber leben.*

Die Beziehung zwischen Einheit und Autorität

Die Belehrung in Matthäus 18, die wir kurz betrachtet haben, wurde als Antwort auf einen Streit unter den Jüngern gegeben. Dabei ging es um die Frage der *Autorität* in der Gemeinde und der von ihr abhängigen *Einheit*.

Es liegt auf der Hand, dass in einer Gemeinde ohne *geistliche Einheit* auch keine *geistliche Autorität* ausgeübt werden kann. Natürlich können »religiöse Maschinen« aufgestellt werden, die unter irgendeiner von Menschen eingesetzten – man könnte sagen, künstlich hergestellten – Autorität rund »laufen«. Wie wir aber schon festgestellt haben, ist die Gemeinde nach den Vorstellun-

64 Joh. 6,63
65 Joh. 4,24

gen des Herrn Jesus keine Maschine, keine menschlich organisierte Struktur: Sie ist ein Wunderwerk des Heiligen Geistes und kann nur unter der beständigen Leitung des Geistes Gottes funktionieren. Wir sind jederzeit von der Gnade Gottes abhängig, was nie durch das Fleisch ersetzt werden kann.

Jesus selbst ist dafür ein Beispiel: Wie schon erwähnt, konnte er vor den Jüngern niederknien und ihnen die Füße waschen, ohne seine geistliche Autorität einzubüßen. Diese hing nicht von Seinem starken Willen noch von der Würde seines Amtssitzes ab. Sie kam direkt von seinem himmlischen Vater, dem sich der Herr selber völlig untergeordnet hatte.

Jede wahre *geistliche* Autorität kommt direkt von Gott und nicht von einer Institution oder Hierarchie. Gott zwingt dem Menschen nie seinen Willen auf; er respektiert seine Freiheit. Deshalb hängt auch das Ausüben der *geistlichen* Autorität in einer Gemeinde vom Einverständnis der Glieder jener Gemeinde ab. Wenn alle im Geist wandeln, werden sie eine geistliche *Einheit* erleben, die nicht von dieser Welt ist. Es handelt sich um die Gemeinschaft des Heiligen Geistes, die Gemeinschaft, die auch zwischen dem Vater und dem Sohn besteht.

Eine Gemeinde, die auf diese Art eins ist – ein Herz und eine Seele –, wird auch bereit sein, die Anweisungen der von Gott eingesetzten Autorität in der Gemeinde zu befolgen, da alle unter der Leitung desselben Geistes stehen, der auch die Verantwortlichen leitet.

Aus diesem Grund hat für Jesus die Einheit im Geist eine überragende Bedeutung. Seine Lehre über die Beziehung unter den Jüngern ist grundlegender Natur. Selbstverständlich kann jede Gemeinde irgendwie funktionieren, doch wird sie nie das Wesen Christi ausstrahlen, wenn sie nicht im Geist wandelt, da der Herr dann nicht gegenwärtig ist. Auf das Wirken des Heiligen Geistes kommt es an, das Fleisch hat keinen Platz; das Entscheidende spielt sich im übernatürlichen Bereich ab.

Ich will damit aber keineswegs sagen, dass wir so »geistlich« sind, dass Gott unseren Verstand, unsere Hände und Füße, unsere natürlichen Fähigkeiten und Stärken nicht mehr benötigt. Ganz im Gegenteil, erst wenn der Heilige Geist »Seinen Platz eingenommen hat«, die Autorität Christi von allen anerkannt wird, kann sich Gott durch uns verherrlichen. Alles, was wir Ihm zur Verfügung stellen, nimmt Er, heiligt es und verwendet es: unseren Geist, unsere Seele, unseren Körper.

Als Mose den Bau des Zeltes der Zusammenkunft vollendet und es Gott dargebracht hatte, erfüllte die Schekina die Stiftshütte und er gebrauchte sie. Gleicherweise kam die Herrlichkeit Gottes in den Tempel, als Salomo ihn errichtet und Gott geweiht hatte. So wird der Herr auch die Gemeinde, die Ihm alles, was ihr zur Verfügung steht, darbringt, mit seiner Gegenwart erfreuen und ihre Gabe annehmen.

Der Salzbund

Die Unterweisungen des Herrn über die Einheit in der Gemeinde führen uns zu folgenden Schlussgedanken:

»Habt Salz *zwischen* euch selbst (nicht wie meistens übersetzt »in euch selbst«) und seid in Frieden untereinander.«[66]

Nach dem Gesetz Mose mussten die Juden allen Opfergaben Salz beigeben. »Du sollst das Salz *des Bundes* deines Gottes nicht fehlen lassen ... bei allen deinen Opfergaben.«[67] Deshalb wird auch der Bund, den Gott mit David geschlossen hat, ein *Salzbund* genannt.[68] Das Salz auf der Opfergabe sollte die Juden beständig an den unwandelbaren Charakter der Beziehung zwischen Gott und seinem Volk erinnern.

Ebenso erwartet der Herr Jesus, dass unter den Jüngern, den Gliedern seines Leibes, eine unwandelbare Beziehung besteht, die sich nicht auflöst, sondern durch das Salz »konserviert« wird, ähnlich der Beziehung, die zwischen Gott und jedem seiner

---

66 Mk. 9,51
67 3. Mo. 2,13
68 2. Chr. 13,5

Kinder besteht. Wir haben es hier mit einem geistlichen Prinzip zu tun, dessen Wichtigkeit nicht genug betont werden kann. Weil es so wenig verstanden und so selten ausgelebt wird, sehen sich die Gemeinden fast überall mit notvollen Problemen belastet.

Der Herr will uns zu verstehen geben, dass wir jeder Gefahr einer Spaltung *zuvorkommen* sollen, indem wir *vorher* untereinander einen *Salzbund* geschlossen haben.

Satan, aber auch Menschen, vermögen es oft sehr leicht, eine Beziehung zwischen zwei Gläubigen zu zerstören. Deshalb fordert uns der Herr auf, die Initiative zu ergreifen. Von vornherein sollen wir im Gebet auf Grund des vergossenen Blutes Christi und mit der Hilfe des Heiligen Geistes eine *von absolutem Vertrauen geprägte Beziehung* untereinander aufbauen, und zwar *bevor* der Feind unsere Gemeinschaft angreifen kann.

Eine solche Beziehung kann nur durch das Gebet über längere Zeit aufrecht erhalten bleiben. Wenn ich mich mit einem Bruder in Christus austausche und bete, so sind unsere Herzen offen füreinander und Gott kann eine Beziehung zwischen uns wirken, die von Vertrauen und Offenheit geprägt ist, vergleichbar mit der Beziehung, die zwischen Ihm und dem Sohn besteht. Vor Ihm werden unsere Anliegen ausgebreitet; da ist alles aufgedeckt, nichts kann vor seinem Licht verborgen bleiben, verheimlicht oder verschleiert werden.

Haben wir diesen Bund vor dem Herrn festgemacht, so ist es notwendig, ihn durch häufiges gemeinsames Gebet zu »pflegen«. Gott wird diese Gebete würdigen. Am Tag, da Satan angreift, wird die Beziehung zum Anderen einer harten Bewährungsprobe ausgesetzt sein, doch wegen des »Salzbundes« wird sie nicht auseinanderbrechen, sondern bestehen. Sie wird sogar gestärkt aus einer solchen Konfrontation hervorgehen. Die miteinander verbundenen Seelen finden sofort eine tiefe Gemeinschaft miteinander.

Fünf Minuten – ja sogar nur zwei –, die man zusammen im Gebet verbringt, bewirken oft mehr als wochen- oder jahrelange Diskussionen. Mein lieber Bruder, beschränke dich auf einfache Gebete![69]

Die 9. Lektion: Das neue Gebot

Die Zeit zwischen dem Obersaal und Gethsemane: Die letzte Rede Jesu[70]

Kurz bevor der Herr Jesus nach Gethsemane ging, führte er den neuen Bund, das Neue Testament, mit folgenden Worten ein: »Dieser Kelch ist der neue Bund in meinem Blute, das für euch vergossen wird.« Dann fährt er fort und sagt: »Ein neues Gebot gebe ich euch, dass ihr einander liebet, gleichwie ich euch geliebt habe. Daran werden alle erkennen, dass ihr meine Jünger seid.«[71]

Ein neuer Bund verlangt zwangsläufig nach einem neuen Gesetz. Jesus hatte schon früher verkündigt, dass er nicht gekommen sei, das Gesetz aufzulösen, sondern zu erfüllen, und zwar zuerst für uns und dann in uns.[72] Wie später Paulus, fasst Jesus das ganze Gesetz in einem Wort zusammen: die Liebe; erstens die Liebe zu Gott und dann die Liebe zum Nächsten.[73]

Es ist offensichtlich, dass der Herr nicht gekommen ist, um die Liebe abzuschaffen! Im Gegenteil, er hebt sie in eine ganz neue Dimension. Gewiss hat uns der Herr Jesus von der *Knechtschaft* des Gesetzes freigemacht.[74] Wir brauchen keine beschwerliche Reise zur Stiftshütte oder zum Tempel zu unternehmen, um dort

69 Zu viele Worte können den Geist dämpfen. Manchmal genügt ein einfacher Satz, denn Gott braucht nicht von uns belehrt zu werden. Je echter dein Gebet ist, umso stärker wird dein Bruder davon ergriffen sein. Nota: Die Belehrungen des Herrn in Matthäus 18 werden in meinem Buch »Explosion de Vie« (Kap. 3) noch ausführlicher abgehandelt.

70 Joh. 12-16. Wir können aus Platzgründen hier nicht im Detail auf diese letzte Rede des Herrn und Sein Gebet (Kap. 17) eingehen. Das genaue Studium dieser wohlbekannten Kapitel überlasse ich dem Leser.

71 Lk. 22,20; Joh. 13,34.35

72 Mt. 5,17.20; Gal. 5,22

73 Mt. 22,36-41; Röm. 13,8-10; Gal. 5,14

74 Gal. 5,1

Rinder oder Widder für unsere Sünden darzubringen. Dies traf für Israel zu, doch für uns gilt: »Christus ist des Gesetzes Ende, jedem Glaubenden zur Gerechtigkeit.«[75] Gott hat uns jedoch in erster Linie gerettet, um *zu lieben*, denn sein Geist weckt in unseren Herzen das Verlangen, Gott und unseren Nächsten zu lieben.

Mit dem neuen Bund tritt eine Änderung des Gesetzes ein,[76] was uns aber nicht entbindet zu lieben! Genau das Gegenteil ist der Fall, denn »die Liebe Gottes ist ausgegossen in unsere Herzen durch den Heiligen Geist, welcher uns gegeben worden ist«,[77] und »die Frucht des Geistes ist: Liebe ...«[78] Während das Alte Testament dem Menschen gebietet, Gott von ganzem Herzen und den Nächsten wie sich selbst zu lieben, geht der Geist Gottes im Neuen Testament weiter. Er ist es, der uns drängt und befähigt, unseren Nächsten zu lieben.

Wenn ich meinen Nächsten liebe wie mich selbst, werde ich ihm nur Gutes tun, was mich dazu bringen wird, ihm die Wahrheit über Jesus Christus zu sagen, auch wenn ich dafür Meere oder Wüsten durchqueren muss. Mein Hauptanliegen wird es sein, die Ungläubigen mit dem Evangelium zu erreichen. Meine Liebe zu dem Menschen kann im neuen Bund sicher nicht schwächer sein als unter dem alten! Das mindeste, was ich für ihn tun kann, ist, ihm die Wahrheit, ein Evangelium oder ein Traktat zu bringen.

Ist er indessen wiedergeboren, dann erwartet Jesus von mir, dass meine Liebe zu ihm noch viel weiter geht. »Liebet einander, *gleichwie ich euch geliebt habe*«, sagt der Herr seinen Jüngern.[79] Einige Verse weiter nennt Jesus dieses Gebot »mein Gebot«; es ist sein Gebot schlechthin, das, welches den Vorrang vor allen anderen hat und den neuen Bund im Wesentlichen charakterisiert.[80] Meinen Nächsten zu lieben wie mich selbst, ist schon viel;

75 Röm. 10,4
76 Hebr. 7,12
77 Röm. 5,5
78 Gal. 5,22
79 Joh. 13,34.35
80 Joh. 15,12.17

meinen Glaubensbruder zu lieben wie Jesus mich geliebt hat, bedeutet hingegen, dass ich bereit bin, alles für ihn zu tun, ja, selbst mich für ihn kreuzigen zu lassen. In den Augen des Herrn Jesus ist dieses Gebot *die Regel*, nicht die Ausnahme. Das heißt: Wenn unsere Liebe zueinander dieses Niveau nicht erreicht, leben wir außerhalb der göttlichen Norm. Die Welt wird unserem Zeugnis keinen Glauben mehr schenken, das Wesen des Herrn Jesus ist dann nicht mehr erkennbar in uns. Die Handschrift Gottes wird unleserlich.

Einen Tag, nachdem er diese Worte ausgesprochen hatte, stellte der Herr am Kreuz seine Liebe für mich und dich unter Beweis. Können wir mit derselben Liebe lieben? *Jesus betont, dass dies möglich, ja, sogar unentbehrlich ist. Das ist wahres Christsein. Die wahre Gemeinde ist die, welche die Liebe Gottes auf der Erde verwirklicht, die Liebe des Christus unter allen Gläubigen sichtbar werden lässt.*

Gott ist Liebe. Seine Liebe hat ein Ausmaß, das kein Geschöpf jemals ausloten kann. Er liebt, liebt, liebt … weil er Gott ist. Die ganze Liebe des Vaters gilt seinem Sohne, Jesus Christus.

Nun sagt aber Jesus, dass er uns geliebt hat »*gleichwie der Vater ihn geliebt hat*«.[81] Das heißt nichts anderes, als dass Jesus die ganze Liebe des Vaters uns zukommen lässt, eine Liebe, die vollkommen, umfassend, unermesslich, unvorstellbar ist! Eine größere Liebe gibt es nicht. Somit liebe ich meinen Bruder, meine Schwester mit derselben Liebe … vorausgesetzt, dass ich ein normales Christenleben führe!

Wie weit haben wir uns von der Meisteridee Jesu Christi entfernt, seine Vorstellung von der wahren Gemeinde geschmälert! Die Geschichte des Christentums ist zwar durchsetzt von Glanzlichtern, aus denen die ursprünglichen Gedanken des Herrn hervorstrahlen, der Rest hingegen ist in tiefe Finsternis gehüllt. Ist es in unseren Tagen nicht möglich, zu dem, was unser Herr und Heiland unter »Gemeinde« versteht, zurückzufinden und es auszuleben?

Überall dort, wo der Heilige Geist dieses Wunder unter den Jüngern Jesu wirken kann, wo unter ihnen tatsächlich dieselbe Liebe herrscht, mit der uns der Herr geliebt hat, da wird die Welt die Echtheit unseres Zeugnisses anerkennen, denn es ist das Zeugnis des Geistes Gottes selbst. »Der Geist der Wahrheit wird von mir zeugen«, sagt Jesus und er fährt fort: »Aber auch ihr zeuget.«[82] Inmitten einer solchen Gemeinschaft von Jüngern *macht Jesus seine Gegenwart offenbar.* Es ist Gott unter uns Menschen, ein Vorgeschmack auf den Himmel, es ist die absolute göttliche Wirklichkeit. Wir haben hier die Antwort auf das Schreien einer jeden nach Echtheit und Wahrheit lechzenden Seele.

Liebe – ja; falsche Toleranz und gefühlsbetonte Liebe – nein

Wir dürfen die geistlichen Beziehungen, von denen Jesus hier spricht, nicht mit bloßer Nachsicht oder gefühlsbetonter Liebe verwechseln. Wir haben es im Gegenteil mit einem Werk des Heiligen Geistes zu tun, das auch ganz unabhängig von Gefühlen sein kann. Es handelt sich um eine innere Einstellung, eine heilige Verpflichtung, die man vor Gott, der alles sieht und alles richtet, eingegangen ist.

Gefühlsbetonte Liebe kann schnell erkalten oder in etwas anderes umschlagen. Falsche Toleranz schließt vor Sünde und Irrtümern die Augen: Die göttliche Ordnung wird umgekehrt, indem man die Liebe zum Nächsten *vor* der Liebe zu Gott und der Wahrheit stellt. Die Liebe als Frucht des Geistes jedoch ist etwas Übernatürliches: Sie kommt von Gott und nicht aus dem Herzen des Menschen. Diese Liebe war das Kennzeichen im Leben des Herrn Jesus.

Überdies kann die »horizontale« Beziehung zum Bruder nur dort richtig funktionieren, wo auch die »vertikale« Beziehung zu Christus intakt ist. Jesus hat nie gesagt »da wo einige Christen sich die Hand reichen«, sondern »da wo sie *sich in meine Person integrieren*«. Das Ausmaß meiner Hingabe an den Herrn be-

---

82 Joh. 15,26.27

stimmt die Tiefe meiner geistlichen Beziehung zum Bruder. Die Liebe zu Gott hat Vorrang vor der Liebe zum Nächsten und zum Bruder. Unsere persönliche Liebe zum Herrn Jesus lässt erst die wunderbare Liebe zu den Geschwistern des neuen Bundes wachsen.

Der Herr hat bis zuletzt mit dieser Unterweisung an seine Jünger zugewartet, da sie zu einem früheren Zeitpunkt dafür nicht empfänglich gewesen wären. Das neue Gebot, den Bruder so zu lieben, wie Jesus uns geliebt hat, hängt untrennbar mit dem neuen Bund zusammen, und dieser wurde erst am Kreuz besiegelt, als Jesus sein Blut für uns ließ.

Der Herr wusste aber auch, dass niemand zu einer solchen Liebe fähig war, es sei denn, der Heilige Geist wirke diese Liebe in einem wiedergeborenen Herzen. Damit der neue Bund eingeführt werden konnte, musste zuerst das Blut des Messias vergossen werden. Die neue Geburt wiederum ist mit dem neuen Bund verknüpft, und dieser ist ohne das Blut Christi nicht möglich.

Somit öffnet der neue Bund der neuen Geburt den Weg, und diese äußert sich darin, dass sie das neue Gebot erfüllt. Die Menschwerdung, das Kreuz, die Auferstehung, die Verherrlichung Christi und das Kommen seines Geistes für die Jünger an Pfingsten bilden eine festgefügte Kette von unumkehrbaren, unausweichlichen und unwiderstehlichen Ereignissen.

Die drei Bedingungen für die Gegenwart Christi

Der Herr knüpft drei Bedingungen an die Zusage seiner Gegenwart inmitten seiner Jünger:

Matthäus 18,20: »Da wo zwei oder drei in meiner Person integriert sind, bin ich in ihrer Mitte.« Hier hängt seine Gegenwart von unserem *Einssein* in Ihm ab.

Johannes 14,15 und 23: »Wenn jemand mich liebt, so wird er mein Wort halten und mein Vater wird ihn lieben und wir werden zu ihm kommen und Wohnung bei ihm machen.« Hier hängt seine Gegenwart von der Ernsthaftigkeit unseres *Gehorsams* zu seinem Wort ab.

Matthäus 28,18-20: »Gehet hin und machet alle Nationen zu Jüngern … Und siehe, ich bin bei euch alle Tage bis zur Vollendung des Zeitalters.« Hier hängt seine Gegenwart von unserem Einsatz für die *Weltevangelisation* ab.

Die persönliche Gegenwart des Herrn Jesus inmitten der seinen ist das Merkmal der wahren Gemeinde. Gleichwie die *Schekina*, die Herrlichkeit des Herrn, Israel von allen Völkern der Antike unterschied, so bringt die *Parousie* Jesu der Gemeinde vor den Augen der Welt den Beweis für die Echtheit unseres Glaubens. Fehlt hingegen seine Gegenwart, was unterscheidet uns dann noch von irgendeiner Religion?

Komm, Herr Jesu!

Kapitel 3
Die dreifache Herausforderung Seiner großen Weissagung
(Die 10. Lektion)

Wir können in einem Buch von so begrenztem Umfang nicht alle Lehren des Herrn Jesus Christus analysieren. Dazu würde übrigens das ganze Leben nicht hinreichen.[83] Nach zweitausend Jahren Christentum sind wir noch sehr weit davon entfernt, dem ganzen Gedanken Christi bis auf den Grund gegangen zu sein. Er ist unausschöpfbar. Ich bitte meine jüngeren Geschwister lediglich, seinen Worten selbst auf den Grund zu gehen. Wir müssen den Mut haben, sie in einer immer unsicherer und gefährlicher werdenden Welt anzuwenden und auszuleben.

Wir haben es besonders nötig, die große prophetische Rede des Herrn Jesus, die er drei Tage vor seinem Tod hielt, zu studieren. Ich spreche von Matthäus 24 und 25 und den Parallelabschnitten in Markus 13 und Lukas 17,22-37 sowie 21. Dort sagt Jesus drei Erscheinungen voraus, welche seine Gemeinde in der Zeit »des Endes« unmittelbar vor seiner Wiederkunft charakterisieren werden.[84] Man kann die Bedeutung dieser Worte nicht übertreiben, denn sie betreffen ohne jeden Zweifel uns und unsere Zeit.

Um seine Botschaft gut zu verstehen, wollen wir zuerst den Zusammenhang seiner Weissagung beachten:

Die vom Herrn Jesus angekündigten Zeichen, welche die Nationen in der Zeit des Endes betreffen

Der Herr lehrt, dass seiner Wiederkunft gewisse Zeichen unter den Nationen vorausgehen, und zwar vor allem die Folgenden:

Die falschen Christusse, die gegenwärtig immer zahlreicher auftreten, und zwar nicht allein die Individuen, welche sich als

»Christus« proklamieren, sondern auch die falschen Christusse der wachsenden Sekten sowie die falschen Christusse eines ungläubigen Protestantismus und eines götzendienerischen Katholizismus (der sich zunehmend der Marienverehrung verschreibt).[85]

Die Kriege, das Kriegsgeschrei und die Umstürze, welche die heutige Welt immer mehr erschüttern.[86]

Die Hungersnöte, welche einen großen Teil der gegenwärtigen Weltbevölkerung bedrohen und befallen. Allein in Afrika rechnet man mit 150 Millionen Hungernden.

Die Erdbeben, welche in den letzten Jahren immer häufiger auftreten.[87]

Die Seuchen. Es genügt, an die zahlreichen Formen von Krebs zu denken und an andere Schrecknisse unserer Zeit,[88] ohne alle Erkrankungen und Verunreinigungen zu zählen, welche nicht allein die Menschen, sondern auch Pflanzen und Tiere heimgesucht haben.[89]

Die »Schrecknisse« und die »großen Zeichen am Himmel«. Wir können nicht umhin, an die Kernspaltung und an die Entwicklung kosmischer Kriege zu denken, welche sich vor unseren Augen abzeichnet.[90]

Jesus sagt nun, diese Dinge seien erst *der Anfang* der Wehen (der griechische Ausdruck bezeichnet die Geburtswehen), noch nicht *das Ende*.[91] Es handelt sich also um *vorausgehende* Zeichen, welche *vor* dem Enddrama auftreten müssen. Und dennoch! diese

---

83 Joh. 21,25
84 Da ich in diesem Buch nicht die Eschatologie im Allgemeinen behandle, beschränke ich mich auf die Untersuchung der Vorhersagen des Herrn Jesus, welche die Gemeinde unserer Generation betreffen.
85 Mt. 24,5.6
86 Mt. 24,6.7
87 Mt. 24,7
88 Wie etwa Aids, eine Seuche, die kaum bekannt war, als der Autor noch lebte.
89 Lk. 21,11
90 Lk. 21,11
91 Mt. 24,6.8

Zeichen – neben einer ganzen Reihe anderer – erfüllen sich vor unseren Augen, und zwar von Monat zu Monat immer klarer.

»Dann« – Drei Zeichen in der Gemeinde

In diesem Zusammenhang der Geschehnisse unter den Nationen gibt der Herr eine dreifache Warnung, welche seine Gemeinde betrifft. Er kündigt für die Endzeit drei Dinge an:

Weltweite Verfolgung (Mt. 24,9.10)
Weltweiten Abfall (Mt. 24,10-13)
Weltweite Evangelisierung (Mt. 24,13.14)

»Dann«, sagt er – und damit präzisiert er den Zeitpunkt –, »werden sie euch in Drangsal überliefern und euch töten; und ihr werdet von allen Nationen gehasst werden um meines Namens willen (V. 9). *Dann* werden viele geärgert werden und werden einander überliefern und einander hassen (V. 10). Viele falsche Propheten werden aufstehen und werden viele verführen (V. 11). Und wegen des Überhandnehmens der Gesetzlosigkeit wird die Liebe der Vielen erkalten (V. 12). Wer aber ausharrt bis ans *Ende*, dieser wird errettet werden (V. 13). Und dieses Evangelium des Reiches wird gepredigt werden auf dem ganzen Erdkreis, allen Nationen zu einem Zeugnis, und dann wird *das Ende* kommen« (V. 14).

Erst nach diesen Ereignissen wird das kommen, was der Herr »das Ende« nennt:

»*Und dann*«, sagt er und präzisiert erneut den genauen Zeitpunkt, »*wird das Ende kommen.*«

Hierauf beschreibt er die Regierung des Antichristen, welche zunächst von furchtbaren Zeichen in Israel (Verse 15-28) und dann am Himmel (V. 29) begleitet wird, bis als krönendes Zeichen der Menschensohn auf den Wolken des Himmels erscheint (V. 30).

Dies sind die Dinge, die aus dieser Belehrung Jesu deutlich an den Tag treten:

Vor den katastrophenartigen Geschehnissen, welche das Auftreten des Menschen der Sünde begleiten (V. 15f; man vergleiche als Parallele 2. Thes. 2,1-12) wird *die Gemeinde* die Erfüllung der drei Zeichen erfahren, welche sie betreffen: Verfolgung, Abfall und weltweite Verkündigung des Evangeliums.

Es ist im Übrigen offenkundig, dass der Herr sich hier an die *Gemeinde* wendet und nicht an die Juden oder an eine andere Gruppe von Menschen; denn er sagt in seiner Antwort an Petrus, Andreas und Jakobus ausdrücklich *ihr* (Mk. 13,3.13.14), d.h. seine Jünger.

Man kann die Wichtigkeit dieser Botschaft an uns, seine heutigen Jünger, gar nicht überbetonen, dies umso mehr, als die Zeichen seiner nahen Wiederkunft sich vor unseren Augen erfüllen.

Lasst uns nun diese dreifache Herausforderung untersuchen, welche der Herr Jesus vor dem ernsten Hintergrund »des Endes« seiner Gemeinde vor Augen stellt.

Das 1. Zeichen: Weltweite Verfolgung

»Dann«, sagt er und gibt damit den genauen Zeitpunkt an, »werden sie euch in Drangsal überliefern und euch töten; und ihr werdet von allen Nationen gehasst werden um meines Namens willen. Und dann werden viele geärgert werden und werden einander überliefern und einander hassen« (Mt. 24,9.10).

Die Vorhersage einer allgemeinen Verfolgung der wahren Gemeinde darf uns nicht überraschen, denn Jesus hat den Jüngern die Tatsache, dass sie mit Verfolgung zu rechnen haben, nie verborgen. Nach seinem Urteil ist Verfolgung *vielmehr der Normalzustand* für seine Gemeinde. In Wirklichkeit ist die Freiheit, die wir zur Zeit im Westen genießen, die Ausnahme von der Regel. Das muss jedem in die Augen springen, der die Kirchengeschichte studiert.[92]

92 Ich empfehle herzlich das Werk von E.H. Broadbent: »2000 Jahre Gemeinde Jesu« (Christliche Verlagsgesellschaft Dillenburg; die früheren Auflagen erschienen unter dem Titel: »Gemeinde Jesu in Knechtsgestalt«).

Die Gemeinden, welche dem biblischen Muster treu bleiben wollten, sind besonders stark verfolgt worden. Die Verfolger dieser meist minderheitlichen Gemeinschaften waren zudem oft genug die großen Staatskirchen.

Im größten Teil der Welt wird die wahre Gemeinde *heute verfolgt*. Warum sollten wir anderen, die noch in Freiheit leben, davonkommen? Sollten wir besser sein als unsere Brüder, welche für ihren Glauben eingekerkert und gefoltert werden?

Es ist offenkundig, dass das Gericht der Nationen herannaht.[93] Und Gott hat uns angekündigt, *dass das Gericht am Haus Gottes anfangen muss.*[94] Was bedeutet das anderes, als dass die Jünger Jesu Christi gezüchtigt werden, *bevor* der Zorn Gottes über eine ungläubige Welt ausgegossen wird? (Lk. 17,26-30).

In der Apostelgeschichte erfahren wir, wie Gott Verfolgung *eigens zu diesem Zweck sendet*, damit die Gemeinde in Jerusalem *sich aufmacht und die Völker evangelisiert*. Diesen Auftrag hatte die Gemeinde bis dahin nicht ernst genommen, und das trotz der gewaltigen Machterweise des Geistes zu Beginn (Apg. 2,8-11). Gott zerstreute die Gemeindeglieder, um sie nach Samarien (Kap. 8), nach Damaskus (Kap. 9), nach Cäsarea (Kap. 10), nach Antiochien (Kap. 11) und in alle Welt zu senden.

Wenn Gott die Evangelisierung der Nationen durch die Gemeinden der freien Welt nicht bewerkstelligen kann, dann wird er gewiss die Methode ändern und sie *durch die Verfolgung erfüllen*, wie er es schon so oft getan hat. Ich bin davon überzeugt, dass es nur eine Ursache dafür gibt, warum Gott uns im Westen vor den schrecklichen Leiden bewahrt hat, die andernorts wüten: er weiß, dass wir die Mittel und das Potential besitzen, um die Welt zu evangelisieren. Wenn wir aus Untreue die Vorrechte nicht gebrauchen und angesichts der geistlich benachteiligten Völker dieser Welt gleichgültig bleiben, dann wird Gott sein Werk durch andere Mittel vollenden.

93 Jes. 66,18; Sach. 14,1.2.12-15
94 Hes. 9,6; 1. Pet. 4,17

Die gegenwärtige weltpolitische Entwicklung macht eine weltweite Verfolgung von heute auf morgen möglich. Es genügt eine einzige wirklich schwere internationale Krise, um das gegenwärtige psychologische Klima in eine Psychose zu verwandeln.

Im Westen könnte die Verfolgung der Gemeinde in erster Linie durch das politische »Tier« geschehen, das mit der religiösen »Hure« verbündet ist, mit der falschen Kirche von Offenbarung 17. Nach der Zerstörung der Hure müssten wir – falls wir dann noch auf der Erde sind – die neue Weltreligion des Tieres, wie sie in Offenbarung 13 beschrieben wird, erwarten. Angesichts dieser erschreckenden Aussichten ist Christus unsere Hoffnung: zunächst, dass er uns treu erhalte, dann, dass er unser Zeugnis mächtig gebrauche und dass er bald komme, um uns von dieser Welt zu entrücken.

So wie der Herr mir die Schrift zu verstehen gegeben hat, bringe ich diese weltweite Verfolgung der Gemeinde nicht durcheinander mit dem, was man »die große Drangsal« Israels und den großen Tag des Zornes Gottes nennt. In einem gewissen Sinn lebt die Gemeinde seit den Tagen der Apostel in der »großen Drangsal«, einer Drangsal, welche mit Unterbrechungen während aller seither verflossenen Jahrhunderte gedauert hat.

Jesus hat uns angekündigt, dass eine Welt, die Ihn gehasst hat, auch uns hassen wird.[95] Der Gott dieser Welt erregt eine beständige Feindschaft gegen das Evangelium der Gnade Gottes. Zudem bemerken wir heute, wie diese Feindschaft immer größer wird. Im Zweiten Weltkrieg waren fast in der ganzen Welt die Türen offen für das Evangelium. Sogar in Russland hatte Stalin eine gewisse religiöse Freiheit gewährt, um die sowjetischen Völker für seinen Krieg gegen Hitler zu mobilisieren.

Nach 1946 hat die Verfolgung in der Sowjetunion wieder eingesetzt, hat sich auf Osteuropa und auf China und schließlich ohne Ausnahme auf alle muslimischen Staaten ausgedehnt. Nach den Belehrungen des Herrn Jesus in Matthäus 24,9.10 müssen wir uns

95 Joh. 12,25.26; 15,18-25

auf eine Zunahme dieser Verfolgung gefasst machen, bis sie weltweite Ausmaße annimmt.

Das hindert nicht, dass wir auf das Kommen des Herrn hoffen, der uns zum rechten Augenblick auf den andern aus dieser Welt zu sich nehmen wird. Ich will einfach bereit sein, sei es für den unmittelbaren Aufbruch in den Himmel, sei es für die grausamste Verfolgung der ganzen Menschheitsgeschichte.

Ich verwechsle also nicht die große Drangsal der Gemeinde mit der Drangsal Israels und der Nationen, welche nach meiner Meinung erst *nach* unserer Entrückung in den Himmel stattfinden wird.

Ob die Verfolgung uns von links oder von rechts oder von einer noch nicht bekannten Ideologie herkommen wird, ist ziemlich einerlei; denn sehr wahrscheinlich werden die Methoden der Unterdrückung die gleichen sein. Hier hilft uns die Kenntnis der Geschichte, denn sie öffnet uns die Augen und rüstet uns für das Kommende. Zu diesem Zweck folgt im nächsten Kapitel eine kurze Zusammenfassung der Geschehnisse in China nach der Machtübernahme der Kommunisten. Unter deren Regime begann die Verfolgung ganz langsam und in behutsamen Schritten, sodass die Gemeinden fast nichts merkten. Dieser Prozess integrierte die Mehrheit der Gemeinden in das totalitäre System, bis dieses am Ende die Gemeinde selbst als Werkzeug der Überwachung und Unterdrückung noch treu verbliebener Brüder verwenden konnte. Das Ganze mündete schließlich in die Schrecknisse der »Kulturrevolution«. Auch bei uns könnte die Verfolgung ebenso subtil mit einer unmerklichen Gehirnwäsche anfangen (besonders durch das Fernsehen), bis schließlich alles Denken und Handeln von oben gesteuert wäre.

Unsere Pflicht ist es, die Gemeinden, die Gott uns anvertraut hat, vorzubereiten, damit sie unter schwierigsten Bedingungen nicht allein standhaft bleiben, sondern sich sogar vermehren. Unsere beiden Hauptwaffen sind: eine durch Bibel und Gebet gewirkte gründliche Erkenntnis Gottes selbst und ein gründliches Verständnis von Gemeinde, so wie Jesus es gelehrt hat (was ja das Hauptthema unseres Buches ist).

Eine kurze Darstellung der Ereignisse in China

»Wer ein Ohr hat, höre, was der Geist den Versammlungen sagt!«[96]

Als die Kommunisten 1948 in China die Macht ergriffen, versprachen sie allgemeine Gewissensfreiheit; man werde in die Belange der religiösen Gemeinschaften nicht eingreifen. Angesichts der zahlreichen Kirchen und Missionen, die zum größten Teil sehr enge Beziehungen zum Ausland hatten, zog es die kommunistische Regierung vor, mit größter Behutsamkeit zu agieren. Die Machthaber griffen das Christentum nicht frontal an, sondern sie wählten eine viel subtilere Taktik.

Als die Kommunisten sich ihrer Machtstellung sicher sein konnten, begannen sie bereits 1950 einen nationalen christlichen Ausschuss zu bilden, der sich aus vier bekannten chinesischen Christen zusammensetzte, die theologisch allerdings liberal ausgerichtet waren. Dieser Ausschuss musste vor der Regierung alle christlichen Gemeinschaften repräsentieren. Die Behörden hüteten sich zunächst noch davor, die Gemeinden selbst zu berühren. Mit diesem nationalen christlichen Ausschuss hatten sie sich aber ein überkirchliches Werkzeug geschaffen, das ihnen erlaubte, alle Kirchen und Gemeinden zu überwachen, um sie am Ende ihren Absichten gefügig zu machen.

Bald wurde ein sanfter Druck auf die Gemeinden ausgeübt; sie sollten sich von jeglichem ausländischen Einfluss befreien, besonders von den Missionaren, die ihnen als »imperialistisch« galten. Es war nicht die Regierung, die die Missionare auswies, sondern die »chinesische Kirche« tat das eigenhändig. Die Regierung nahm die Ausweisungen zum Anlass, alle Grundstücke und Gebäude, welche christlichen Missionen gehörten, und die von ihnen gegründeten Schulen und Universitäten zu beschlagnahmen. Auf diesem Weg kam die seit hundert Jahren bestehende protestantische Mission schlagartig zu Ende.

Das Tragischste an diesem Rückschlag war, dass die allermeisten Gemeinden nicht gerüstet waren, um in dieser Krise zu bestehen.

---

96 Off. 2,7.11.17.29; 3,6.13.22

Abgesehen von einigen erfreulichen Ausnahmen, hatten die Missionen die chinesischen Christen nicht für eine solche Prüfung geschult. Sie hatten China den Schatz des Evangeliums und der Bibel gebracht, aber sie hatten die Notwendigkeit nicht vorausgesehen, dem Aufbau *eigenständiger* Gemeinden den Vorrang zu geben. Anstatt dass sie die chinesischen Evangelisten und Pastoren lehrten, für ihre Unterstützung und Unterweisung ausschließlich von Gott abhängig zu werden, ließen sie es zu, dass sie von verschiedenen europäischen und amerikanischen Organisationen abhängig blieben. Damit ließen die Missionen die chinesischen Christen in einer Position zurück, welche die Kommunisten mit Leichtigkeit für ihre Zwecke ausbeuten konnten.

Von 1950 an verlief die parallele Entwicklung des Abfalls und der Verfolgung immer schneller. Die atheistische Regierung, welche immer durch den offiziellen »christlichen« Ausschuss operierte, forderte, dass alle Kirchen und Gemeinschaften sich zu einer einzigen nationalen Kirche vereinen müssten. Damit verfolgte man offenkundig ein politisches Ziel, denn die Polizei konnte in einer einzigen Gesamtkirche die verschiedenen Aktivitäten und Entwicklungen in ganz China nach ihrem Willen steuern. Natürlich wurde die Einigung durch den nationalen Ausschuss »im Namen Christi« vollzogen; Christus habe ja in seinem Gebet von Johannes 17 selbst sein Verlangen zum Ausdruck gebracht, dass alle Gläubigen »eins« seien. Der Hinweis erübrigt sich, dass diese von einem antichristlichen Staat verordnete Einheit nichts zu tun hatte mit der Einheit des Geistes, an welche der Herr Jesus gedacht hatte.

Einige Treuen erhoben ihre Stimme gegen diese Verzerrung der Wahrheit. Einige einheimische Bewegungen wie »die kleine Herde« von Watchman Nee und »die Familie Jesu« haben klar gesehen. Diese Brüder hielten sich von der Masse abgesondert, als die Mehrheit der Kirchen und Missionen sich den Forderungen des zentralen Ausschusses beugte. Die kleinen, nicht zentralisierten Gemeinden widerstanden der Verführung zum Kompromiss weit besser. Sie waren eng an die Schrift gebunden und konnten so den Gemeindegliedern eine solide Bibelkenntnis vermitteln, während ihre Praxis, die Verantwortung auf möglichst viele zu verteilen, die Entfaltung geistlicher Gaben förderte. Es waren daher zahlreiche Leute vorhanden, welche lehren, ermuntern und ermahnen konnten. Als die Führer verhaftet wurden, fehlte es nicht an Männern, die nachrückten.

Der zentrale Ausschuss wurde nun genötigt, diese »Dissidenten« zu unterdrücken. Die Gemeinden, welche allzu »neutestamentlich« waren, galten dem Staat als gefährlich. Weil sie sich nicht der großen offiziellen Kirche anschließen wollten, wurden sie als antipatriotisch und antisozial gebrandmarkt und für illegal erklärt. Damit sah sich der christliche Ausschuss gedrängt, alle Kirchen in ihrer immer schärfer werdenden Denunzierung und Verfolgung der Dissidenten mitzureißen.

Die Gemeinden, die sich für die Kollaboration mit dem Staat entschieden hatten, schienen zunächst vor dem Schlimmsten bewahrt worden zu sein. In Wahrheit war ihre Lage nur umso schmerzlicher geworden, als sie nun von der Regierung abhängig waren und schließlich durch die Umstände genötigt wurden, die Verfolger ihrer eigenen Brüder zu sein.

In den »sichtbar« gebliebenen Gemeinden richtete die Staatsgewalt immer größeren Schaden an. Falsche Bekehrte mischten sich unter die Gläubigen, wo sie Verwirrung stifteten und im Sold der Geheimpolizei als Denunzianten arbeiteten. Die Leute, die treu zur Bibel standen, wurden nach und nach ausgemerzt, indem sie auf öffentlichen Plätzen aller Art sozialer und politischer Verbrechen angeklagt wurden. Viele wurden in entlegene Regionen auf landwirtschaftliche Betriebe verbannt, andere wurden eingekerkert und so lange einer Gehirnwäsche unterzogen, bis ihre Persönlichkeit gebrochen war. Viele wurden grausam ermordet. Man ersetzte diese Art Gemeindeleiter durch Strohmänner.

Danach wurden die Gemeinden gehalten, alle im Ausland erzeugte oder als »imperialistisch« eingestufte Literatur zu verbannen. Sogar die Liederbücher mussten jetzt Lobeshymnen auf den Kommunismus enthalten, der China vom westlichen Imperialismus befreien werde, und auf Mao-tse-Tung, der China »sein tägliches Brot« gebe. Dann musste man in jeder Gemeinde eine wöchentliche Schulung in kommunistischer Lehre einführen. Gleichzeitig wurden die Kinder und Jugendlichen mit Gewalt in die kommunistischen Jugendorganisationen gedrängt.

Die Verfolgung wurde nun immer offener. Es kam zu zahlreichen Verhaftungen. Die Haft von Watchman Nee dauerte, wie wir wissen, zwanzig Jahre. Er wurde erst kurz vor seinem Tod freigelassen.

Von 1957 an war die Weigerung, sich der »Volksbewegung«, d.h. der offiziellen Kirche, anzuschließen, ein Verbrechen. Jegliche nicht autorisierte Gemeinde oder Hausversammlung wurde verboten. Die Pastoren mussten inzwischen drei- oder viermal die Woche kommunistische Schulungen besuchen. Immer mehr Kapellen oder Versammlungsräume der Christen wurden geschlossen. Die Behörden untersagten offiziell Predigten über die Endzeit und über die Wiederkunft Christi. Immer häufiger wurden Kinder von Christen den Familien entrissen, um in staatlichen Institutionen aufgezogen zu werden.

Fast die Gesamtheit dieser Unterdrückungsmaßnahmen wurde mittels der großen Kirche unter dem christlichen Zentralausschuss ausgeübt. Die atheistische Regierung hatte die Kirche gegen sich selbst gewandt. Sie hatte alle, die sich Christen nannten, mit einem einzigen Ziel vereint: die wahre Kirche Christi zu zerstören.

Ich brauche an diese Schilderung der ersten Jahre der kommunistischen Herrschaft nicht die Grausamkeiten der Roten Garden während der Kulturrevolution anzufügen. Der Leser wird mit ihnen so gut vertraut sein wie ich selbst. Was ich gesagt habe, sollte genügen, um dem Volk Gottes in unserer westlichen Welt die Augen zu öffnen für die Notwendigkeit, heute die Gemeinden Christi auf die kommenden Tage vorzubereiten. Ob die Verfolgung durch ein Regime linker oder rechter Diktatur kommt, wissen wir nicht, aber können wir daran zweifeln, dass ihre Methoden im Wesentlichen die gleichen sein werden? Die Gemeinden müssen aufwachen und begreifen, dass eine einzige

Krise weltweiter Ausmaße genügt, um sie von heute auf morgen in einen Strudel antichristlicher Feindschaft zu stürzen; denn die Angst und Unsicherheit hebt Extremisten auf den Thron. Die Verfolgung könnte auch von einer ganz neuen Ideologie ausgehen, vielleicht durch jene, welche das Auftreten des Antichristen einleiten wird. Die Nationen werden dann in einem unerbittlichen Räderwerk gefangen sein, welches sie einer vollständigen wirtschaftlichen Überwachung, einer universalen Propaganda und totalen Gleichschaltung unterwerfen wird, welche allen, die sich in dieses System nicht einordnen wollen, keinen Lebensraum mehr lassen.

An jenem Tag werden wir alle für oder gegen Christus Stellung beziehen müssen. Die Wahl wird aber anfänglich in so subtiler Weise präsentiert werden, dass die Mehrheit der als biblisch geltenden Gemeinden, durch die List des Feindes herumgebogen, sich womöglich auf die falsche Seite stellen wird. Mit dem Beispiel Chinas und anderer zeitgenössischer Staaten vor Augen, haben wir keine Entschuldigung, wenn wir uns in der Stunde der Bewährung in eine widergöttliche Maschinerie hineinziehen lassen. *Jetzt* ist der Augenblick, da wir uns bereiten, da wir unsere Leute und Gemeinden – besonders die Jugend – geistlich wappnen müssen. Wir müssen es tun, *bevor* der böse Tag uns überrumpelt.

Dieses Buch habe ich mit dem Ziel geschrieben, dir, geliebter Bruder, zu helfen, jetzt die unerschütterliche Grundlage zu legen, damit das Werk Gottes, in dem du stehst, bestehen bleibt, was auch kommen mag. Und es genügt nicht, dass das Werk lediglich bestehen kann, sondern es soll auch *wachsen* und sich im Angesicht der schlimmsten Angriffe der Mächte der Finsternis *vermehren*.

»Gedenke deines Schöpfers in den Tagen deiner Jugendzeit, ehe die Tage des Übels kommen« (Pred. 12,1).

Das 2. Zeichen: Weltweiter Abfall[97]

»*Dann* werden viele (griechisch: *polloi*) geärgert werden und werden einander überliefern und einander hassen (Mt. 24,10) und viele (griechisch: *polloi*) falsche Propheten werden aufstehen und werden viele (griechisch: *polloi*) verführen (V. 11); und wegen des Überhandnehmens der Gesetzlosigkeit wird die Liebe der Vielen erkalten« (V. 12).

Einmal mehr ordnet der Herr durch das Wort »*dann*« diese neue Vorhersage in den Zusammenhang ein. Er warnt uns, dass vor seiner Wiederkunft parallel zur Verfolgung überall in der Gemeinde – oder in dem, was sich Gemeinde nennt – eine geistliche und sittliche Erschlaffung eintreten wird.

Wir wissen, dass Gott sehr oft eine sogar grausame Verfolgung verwendet, um sein Volk zu reinigen. Das war im alten Israel der Fall und es ist noch immer der Fall für die Gemeinde. Manchmal wächst die Gemeinde in außergewöhnlicher Weise in Zeiten der Verfolgung. Dennoch darf man nicht meinen, dass eine Verfolgung unausweichlich zu Erweckung führt. Es ist oft vorgekommen, dass eine Verfolgung das biblische Zeugnis ausgelöscht hat. Im 7. Jahrhundert hat der Islam die Kirche in Nordafrika vollständig ausgerottet. Die Inquisition hat im 16. Jahrhundert in einigen Ländern die Reformation vollständig unterdrückt und die Bibel ist dort während Jahrhunderten auf dem Index der verbotenen Bücher gewesen.

Der Herr warnt uns, dass während der Zeit des endzeitlichen Abfalls die sogenannten Christen zu Verfolgern werden, indem sie sich gegenseitig verraten und hassen. Im 17. Kapitel des Buches der Offenbarung wird die falsche Kirche als eine Frau dargestellt, welche trunken ist vom Blut der Zeugen Jesu. Glücklicherweise wird sich Gott auch in jener Zeit trotz allem eine

---

[97] »Der Abfall« ist das Preisgeben des Glaubens, das Ablassen und Abtreten von ihm. Der griechische Begriff apostasia bezeichnet wörtlich den Akt des »sich Zurückziehens«. Er wird ebenso im Sinne einer militärischen Rebellion verwendet. In 2. Thes. 2,3 bezieht er sich auf die Zeit des Antichristen.

Minderheit wahrer Gläubiger erhalten, welche bis ans Ende ausharren. Diese werden das Werkzeug sein, durch das Gott die Evangelisierung der Welt vollenden wird.

Der Herr lehrt, dass es in jener Zeit *viele* falsche Propheten geben wird und dass *viele* sich werden verführen lassen. Die Sünde wird überhand nehmen und die wahre Liebe wird kaum noch zu finden sein. Damit stimmen auch die Worte der Apostel überein.[98]

Der geistliche Abfall beginnt damit, dass man das Wort Gottes hinterfragt. Er besteht im Wesentlichen in der Verwerfung von dessen Autorität in seiner *geschriebenen* Form. Mit anderen Worten: Die Schrift wird nicht mehr als die absolute Norm der göttlichen Offenbarung angesehen. Die Tür ist dann weit geöffnet für alle nur erdenklichen Abirrungen.

Wie sich Israel im Alten Bund von Generation zu Generation durch die sittliche Verdorbenheit der heidnischen Völker anstecken ließ, so ist auch die Gemeinde seit jeher der Beeinflussung durch die Welt ausgesetzt gewesen. Heute ist sie wegen ihrer mangelhaften Erkenntnis der Schrift vom Zeitgeist tief geprägt. Unbewusst werden die christlichen Gemeinschaften einer geistigen Konditionierung unterworfen, welche die Grundlagen des Glaubens angreifen.

Ebenso wie sich vor unseren Augen die Verfolgung ausbreitet, so greift auch der Abfall um sich. Er nimmt immer schlimmere Ausmaße an und dringt in den Schoß auch jener Gemeinden vor, die sich als biblisch bezeichnen.

Seit zwei oder drei Jahrhunderten übt der humanistische Rationalismus einen tiefen Einfluss auf das christliche Denken aus. Er hat die sogenannte liberale Theologie hervorgebracht, die behauptet, Wissenschaft und Bibel stünden in unlösbarem Widerspruch zueinander. Indem sie versucht hat, die Bibel den Forderungen jeder gerade vorherrschenden Philosophie anzupassen, hat sie ihr in den Augen der Öffentlichkeit jede Glaub-

---

98 Siehe besonders Paulus in 1. Tim. 4,1-3; 2. Tim. 3,1-9; 4,3.4

würdigkeit genommen. Nur noch die Wissenschaft gilt dieser als verbindlich. Eine so unsichere »Theologie« musste zwangsläufig die Kirchen entleeren. Die Menschen können nicht von Unsicherheiten leben.

Der Rationalismus des 18. Jahrhunderts hat die materialistische Wissenschaftsgläubigkeit des 19. Jahrhunderts erzeugt, indem die Menschen in naiver Weise dachten, jetzt seien sie in der Lage, alle ihre Probleme allein durch die Wissenschaft zu lösen. Diese philosophische Kurzsichtigkeit – die durch den Darwinschen Evolutionsglauben kräftig gefördert wurde – hat im 20. Jahrhundert zu den Katastrophen der beiden Weltkriege, zur Atombombe, zum Terrorismus und zur Angst vor einer ungewissen Zukunft geführt. In der Tat, der moderne Glaube an natürliche Zuchtwahl durch das Überleben des Stärkeren und Gerisseneren ist nichts anderes als das Gesetz des Dschungels. Es ist der Weg, der zum Antichristen führt. Und dennoch scheuen sich zahlreiche Verantwortliche in Kirchen und Gemeinschaften nicht, diese furchtbare Theorie von der Herkunft des Menschen anzunehmen.

Die Wissenschaft hat die Probleme der Menschheit natürlich nicht gelöst; im Gegenteil: Sie hat sie verschärft. Der optimistische, ja, blauäugige Materialismus des 19. Jahrhunderts hat uns das gegenwärtige Chaos und die Auflösung der Moral beschert.

Der Humanismus hat dem Menschen nicht das erwartete Paradies gebracht; der Materialismus hat ihn zutiefst unzufrieden gemacht. Angesichts dieses Dilemmas hat die rationalistische Philosophie vor der existentialistischen das Feld räumen müssen. Der heutige Mensch sucht im Irrationalen sein Glück. Er hat sich in den Mystizismus des Altertums und in die orientalischen Religionen gestürzt mitsamt all deren Formen des Okkultismus. Er sucht seinen Sinn und seine Bestätigung in subjektiven Erfahrungen. Er verschmäht die geistliche Klarheit und unerbittliche Logik der Bibel. Er will nicht wahr haben, dass der Schöpfer uns durch das *geschriebene* Wort sein *lebendiges* Wort, den Christus, mitteilt. Ohne die Bibel wissen wir in Tat und Wahrheit nichts über Jesus Christus.

Da der Mensch die Hoffnung aufgegeben hat, durch den rationalistischen Wissenschaftsglauben seine Probleme lösen zu können, hat er sich anderen Erklärungen seines Daseins zugewandt. Er hofft, durch irrationale Erfahrungen übersinnliche Dimensionen zu erfassen, welche sich dem bloßen Verstand entziehen.

Die moderne Theologie ist von dieser philosophischen Strömung nicht frei geblieben. Die christliche Gemeinde wird immer stärker von diesem Suchen nach irrationalen Erfahrungen bestimmt, bis dahin, dass man den Verstand für unwichtig, ja, dem Wirken des Heiligen Geistes sogar für hinderlich ansieht. Trotz der Tatsache, dass die wissenschaftlichen Entdeckungen der Bibel immer mehr Recht geben, hat sich die liberale Theologie nicht herbeigelassen, ihre Positionen zu überdenken. Anstatt dass sie die Autorität der Bibel anerkennt, sucht sie neue Vorwände (existentialistische und andere), um ihre Unfehlbarkeit leugnen zu können.

Die liberale Theologie hat es seit hundert Jahren für gut befunden, jedes übernatürliche Element aus der Bibel wegzuerklären. Sie hat beispielsweise den Schöpfungsbericht als mythologisch oder symbolisch deklariert. Auf diesem Weg hat die Christenheit ihre Gewissheiten verloren, um in einem Meer der Ungewissheit und Gleichgültigkeit Schiffbruch zu erleiden.

Aber das Übel reicht noch viel weiter. Der Existentialismus unseres Jahrhunderts hat, wie gesagt, das christliche Denken tief geprägt. Unter diesem Einfluss hat die Theologie eine neue, äußerst subtile Wandlung durchgemacht: Zahlreiche führende Theologen sagen heute, dass die Bibel große Mengen an historischen, wissenschaftlichen und anderen sachlichen Irrtümern enthält, dass sie bei alledem aber noch immer für uns ein, ja, sogar *das* Wort Gottes werden könne.

Man sagt, dieses fehlbare Buch werde »unfehlbar« für den, der die Verkündigung hört und zu einer existentiellen Erfahrung kommt, die jenseits des Rationalen liegt. Anders gesagt, das Wort Gottes sei nicht von seiner geschriebenen Form abhängig, denn es werde uns wesenhaft durch das zuteil, was man »den Geist« nennt.

Es ist offenkundig, dass wir uns, wenn wir uns nicht mehr auf das geschriebene Wort verlassen können, letzten Endes keiner Sache gewiss sein können. Denn das Wort verkörpert den Gedanken; wenn also das *Wort* ungewiss ist, bleibt es auch der *Gedanke*. Er wird mehrdeutig und ist nicht mehr als wahr oder als falsch zu erkennen.

Man lehrt, man müsse die Wirklichkeit »durch den Glauben« und »durch den Geist« erfassen. Aber durch Glauben woran? Und durch welche Art von Geist? Gott definiert seine Wahrheit durch ein Wort, das gewiss und unveränderlich, das eben *geschrieben* ist. Ohne dieses Wort kann der Glaube sich an einem ganz anderen Gegenstand festhaken als am Sohn Gottes.

Dies bedeutet nun nichts anderes, als dass jeder die Bibel in *subjektiver* Weise verstehen muss: Das gleiche Wort kann für verschiedene Menschen verschiedene Bedeutung haben. Diese Haltung öffnet Tür und Tor einem »Neo-Prophetentum«, das die Autorität der Bibel immer mehr verdrängt. Man spielt sogar »den Geist« gegen »die Schrift« aus. Der »Geist« schreibt der Bibel vor, was er will und er erlaubt sich sogar, auf die Bibel zu verzichten. Dabei fordert der Heilige Geist von uns, dass wir alles anhand der Schrift prüfen, die er für uns und zu unserem Nutzen inspiriert hat (Apg. 17,11).

Eine so subjektive Auslegung der Bibel muss zu einem vollständigen Durcheinander der Vorstellungen und Lehren führen. Der Herr Jesus hat uns ebenso wie Paulus, Petrus, Johannes und Judas vor dieser Verwirrung gewarnt, indem er uns ankündigte, dass dies ein Zeichen des Endes sein werde. Es ist im Übrigen eines der Hauptprobleme im Werk des Herrn heute. Es ist ein geistliches Babel, in dem sich alle Stimmen vermischen.

Welche Zukunft kann es für eine so verwirrte und zersplitterte Christenheit geben? Sie ist von den allem Anschein nach unwiderstehlichen Kräften des Marxismus,[99] des wieder erstarken-

---

99 Man erinnere sich: Das Buch erschien im Jahre 1987.

den Islam, der Wiederkehr des alten Mythos der Reinkarnation, des Satanismus und des Relativismus bedrängt, welche sogar die Grundlagen unserer Zivilisation bedrohen.

Die Unkenntnis der Bibel bedeutet Unkenntnis des Gottes der Bibel und schließlich die Verachtung des Menschen, der ursprünglich im Bilde Gottes erschaffen wurde. Wie einst in Israel führt die Unkenntnis von Gott zum Götzendienst und bereitet damit aller Art von Verrohung die Bahn.

Dieser Subjektivismus kann nur zu Unsicherheit führen. Der Mensch kann aber nicht, wie wir weiter oben gesehen haben, von Ungewissheiten leben. Er muss sich abgesichert fühlen können durch einen Konsens der Ansichten, durch eine Verhaltensnorm, deren Autorität er anerkennt. Eine Christenheit, welche die Autorität der Heiligen Schrift nicht mehr anerkennt – wohin will sie sich wenden, um an ihrer Stelle eine andere zu finden? Der moderne Mensch tappt wie ein Blinder und sucht einen Fixpunkt, eine Mitte, eine allgemein gültige Norm, an der er sich festhalten kann. Wenn er sie nicht selbst findet, dann bleibt ihm keine andere Wahl, als sie *in der Kirche* zu suchen.

Diese Generation tut das Gleiche, was vor Jahrhunderten schon einmal geschah. So wird am Ende die Autorität der *Schrift* durch diejenige der *Kirche* ersetzt. Oder anders gesagt: Wir nähern uns der Erfüllung der schreckenerregenden Vision von Offenbarung 17: Eine Superkirche, welche mit der Macht eines Superstaates verbündet ist. Und wir lesen, dass diese große Kirche trunken sein wird vom Blut der Zeugen Jesu Christi.

Der Abfall beginnt damit, dass man die Bibel in Frage stellt und er endet damit, dass man jene verfolgt, welche dem Christus der Bibel treu geblieben sind.

Ist es verwunderlich, dass Johannes in seinem Gesicht die Stimme eines Engels hörte, welche sprach: »Gehet aus ihr hinaus, mein Volk, auf dass ihr nicht ihrer Sünden mit teilhaftig werdet und auf dass ihr nicht empfanget von ihren Plagen« (Off. 18,4)?

Und ist es verwunderlich, wenn Johannes am Ende gesehen hat, wie dieses große geistliche Babylon durch das Tier zerstört und im Feuer verbrannt wurde?[100]

Aufruf

Die einzige Möglichkeit, um sich vor diesem Abfall zu schützen, besteht in der tiefen Kenntnis des Wortes Gottes. Wir müssen also alles daran setzen, die Kenntnis der Bibel in den Gemeinschaften, die Gott uns anvertraut hat, zu lehren, einzuhämmern und zu fördern, und zwar in ihrer Gesamtheit und Tiefe. Wenn jeder Christ die Schrift gründlich kennt, dann kann die Gemeinde dem Tag des großen Abfalls getrost entgegensehen.

Das 3. Zeichen: Weltweite Evangelisierung

»Allen Nationen muss *zuvor* das Evangelium gepredigt werden« (Mk. 13,10).

»Dieses Evangelium des Reiches *wird* gepredigt *werden* auf dem ganzen Erdkreis, allen Nationen zu einem Zeugnis, und dann wird das Ende kommen« (Mt. 24,14).

Mit diesen Worten lässt der Herr uns verstehen, dass die Evangelisierung der Welt sich vor seiner Wiederkunft notwendigerweise erfüllen muss und erfüllen wird.

Das Bild der Endzeit, das uns der Herr vor die Augen stellt, erschreckt uns zwar, aber wir brauchen nicht zu verzweifeln. Jesus Christus hat sich nicht mit der Niederlage abgefunden. Sogar in seiner vollständigen Schwachheit am Kreuz und als er vom Vater verlassen war, hat er den Satan besiegt.

Er will, dass wir auf die Allmacht des Heiligen Geistes vertrauen, um die an Pfingsten vor zweitausend Jahren durch ihn begonnene Aufgabe zu Ende zu bringen. Damals hat er von Anfang an

---

100 Off. 17,16.17

sein Ziel demonstriert, nämlich die Evangelisierung aller Nationen, und er hat auch die Kraft demonstriert, durch die das geschehen wird. An einem einzigen Tag hat er praktisch alle Nationen der damals bekannten Welt mit dem Evangelium erreicht.[101] *Seit damals ist sein Ziel das Gleiche geblieben: Die Erkenntnis des Heils in Christus soll allen Familien der Erde, allen ethnischen und sprachlichen Gruppen gebracht werden.*

Inmitten der Finsternis der Verfolgung und des Abfalls sieht der Herr ein unwiderstehliches Wirken seines Geistes *durch die wahre Gemeinde*, jene Gemeinde, welche durch alle Nöte hindurch bis ans Ende ausharrt und die Evangelisierung der ganzen Welt vollendet. In Matthäus sagt er: »Dieses Evangelium des Reiches *wird gepredigt werden* auf dem ganzen Erdkreis«, und in Markus: »Allen Nationen *muss zuvor das Evangelium gepredigt werden.*« Erst nach diesem wird das kommen, was er »das Ende« nennt, das Geschehen, das er in den nachfolgenden Versen beschreibt, nämlich das Auftreten des Antichristen, die große Drangsal *Israels* (Verse 15 bis 28), der große weltweite Aufruhr und die großen *Zeichen am Himmel* (Verse 29 und 30), auf welches zum Schluss sein herrliches Erscheinen vor den Augen aller Nationen folgt.

Die Evangelisierung der Welt ist eine Verpflichtung, die Christus seiner Gemeinde aufgetragen hat, es ist ein Befehl, den sie absolut ernst nehmen muss.[102] Dennoch ist es nicht allein eine Verpflichtung, denn der Herr sieht es als ein sicheres Geschehen an; es ist eine Vorhersage, deren Erfüllung er garantiert. Es erfüllt uns mit Hoffnung, denn seine Vorhersage für die Endzeit beinhaltet die Gegenwart einer treuen Gemeinde, welche das Werkzeug des Heiligen Geistes sein wird, um die Absichten Gottes zu erfüllen: Jedes Volk und jede Sprachgruppe wird die Frohe Botschaft von seinem Sohn hören. Es ist dieses Ziel, das uns unter der Hand Gottes vereint.

---

101 In diesem Zusammenhang erst verstehen wir die Bedeutung der übernatürlich inspirierten Sprachen, die dazu dienten, die Aufmerksamkeit jener riesigen und vielsprachigen Volksmenge zu erregen.

102 Mt. 28,18-20; Mk. 16,15.16; Lk. 24,47.48; Apg. 1,8

Der Herr sieht aber voraus, dass diese Aufgabe nicht durch die Masse der Christen ausgeführt wird, sondern vielmehr durch eine kleine treue Minderheit, die sich von keiner Verführung entmutigen noch von Verführung verleiten lässt, sondern bis ans Ende ausharrt. Jene, die wahren Glauben haben, harren aus in der Erfüllung des Willens Gottes, während ein oberflächlicher und damit falscher Glaube im Schmelztiegel der Verfolgung und Verführung versagt.

Als junger Christ hörte ich oft, dass die Evangelisierung der Welt nach der Entrückung der Gemeinde durch die Juden geschehen werde. Ich wiederhole, dass das vorliegende Buch keine endzeitliche Studie sein will, sondern es ist vielmehr ein praktisches Handbuch für meine jungen Brüder, welche an der Erfüllung des weltweiten Missionsauftrages arbeiten, und für die jungen Gemeinden, die durch ihre Arbeit entstanden sind. Daher lasse ich mich an dieser Stelle nicht auf eine ausführliche Diskussion der prophetischen Details des vorliegenden Abschnittes ein.

Ich begnüge mich mit dem Hinweis, dass der Herr in diesem Zusammenhang nicht zur jüdischen Nation spricht, sondern zu seinen eigenen Aposteln, genauer gesagt zu Petrus, Andreas, Jakobus und Johannes. Er hat seiner Gemeinde und nicht den Juden den Befehl erteilt, aller Kreatur das Evangelium zu verkündigen, bevor er wiederkommt.

Ich weiß, dass es am Ende einen treuen Überrest in Israel geben wird, den ich mit den 144 000 von Offenbarung 7 identifiziere; denn dort wird ausdrücklich hervorgehoben, dass es Israeliten sind. Es ist aber durch die Weissagungen von Jesaja (66,7.8), von Sacharja (3,9 und 12,8 – 13,1), von Jeremia (31,31-34 und 50,20) und von verschiedenen anderen deutlich, dass die Bekehrung dieser israelitischen Minderheit erst bei der Wiederkunft des Herrn geschehen wird, und *das erst noch an einem einzigen Tag, wonach ganz Israel von seiner Sünde gereinigt werden wird*. Es kann nun nicht sein, dass Israel den Nationen noch vor seiner Bekehrung das Evangelium verkündigt. Nach der Wiederkunft Christi, dann wird ihr Zeugnis die Enden der Erde erreichen, aber sicher nicht vorher.

Ich habe in diesem Zusammenhang gehört, besonders in meiner Jugend, dass es sich hier um ein »Evangelium des Ausharrens« handle. Das hieße, dass in den letzten Tagen (nach der Entrückung der Gemeinde) das Heil nicht durch die Gnade Gottes, sondern durch das Ausharren erlangt würde. Das wäre aber ein anderes Evangelium und damit ein falsches Evangelium. Wer aber ein anderes Evangelium verkündigt, ist nach den Worten des Paulus verflucht.

Man wird mir vielleicht antworten, dass die Menschen im Alten Testament durch Werke gerettet worden seien. Das ist ein Irrtum, denn noch nie hat ein Mensch das Gesetz erfüllt, alle haben versagt. Paulus und der Verfasser des Hebräerbriefes zeigen es ganz deutlich, dass kein Mensch durch die Werke des Gesetzes gerechtfertigt werden kann, denn durch das Gesetz kommt Erkenntnis der Sünde (Röm. 3,20). Paulus fügt hinzu, dass alle gesündigt haben und dass sie *alle* ohne Verdienst durch seine Gnade und auf der Grundlage des Blutes Jesu gerechtfertigt werden.[103] Alle alttestamentlichen Heiligen von Abel an bis auf Johannes den Täufer warteten auf das Kommen des Messias und sie wurden wie wir gerettet durch den Glauben an sein Blut, das ihnen im Blut der Opfertiere vorgeschattet war.

Warum halte ich mich so lange damit auf, diesen Punkt zu erhellen? Nur um gegenüber der Gemeinde, dem gegenwärtigen Gottesvolk, mit Nachdruck darauf zu bestehen, dass wir verpflichtet sind, die von unserem Herrn an uns gerichtete Herausforderung anzunehmen: Wir müssen seinem Befehl gehorchen und die ganze Welt evangelisieren. Wir haben nicht das Recht, uns vor dieser Aufgabe mit dem Vorwand zu drücken, der Befehl gelte nicht uns und er könne oder müsse von anderen ausgeführt werden.

Der Herr sagt es in aller Form: Zuerst muss das Evangelium allen Nationen gepredigt werden (Mk. 13,10), erst dann kann das Ende

---

103 Und dann nennt er im 4. Kapitel als Gewährsmänner für den Glauben als Mittel, um gerechtfertigt zu werden, Abraham und David, neben Mose die beiden größten Männer des Alten Testaments (der Übers.)

kommen. Der Herr wartet darauf, dass zwei Hindernisse aus-geräumt werden, die seinem Kommen noch im Weg stehen:

der Missionsauftrag muss erfüllt werden;
Israel muss Buße tun und ihn als Messias aufnehmen.

Der Herr wartet schon fast zweitausend Jahre auf die Erfüllung dieser beiden Forderungen!

Der Herr redet in Markus 13,10 zudem nicht von einem »anderen« Evangelium, sondern er sagt ausdrücklich, dass es sich um »das Evangelium« handelt. Es ist das Evangelium der Errettung auf der Grundlage seines Todes und seiner Auferstehung, der Errettung durch die Gnade Gottes mittels des Glaubens eines jeden, der es annimmt. *Es gibt ja gar kein anderes Evangelium, das von Gott kommt.* Paulus sagt, dass, wenn sogar ein Engel vom Himmel etwas an-deres als das Evangelium predigen sollte, als das Evangelium, das er die Galater gelehrt hatte, dieser verflucht sei. Es versteht sich von selbst, dass das »ewige Evangelium«, das der Engel in Offen-barung 14,6.7 verkündigt, kein anderes Evangelium ist, als das Evangelium unseres Heils. Genau das ist ja das *ewige* und unver-änderliche Evangelium. Das Heil kann niemand auf andere Weise erlangen als durch das Blut Christi. In meinen Augen ist es offen-kundig, dass der Ruf jenes Engels ein Wirken der geistlichen Mächte im Himmel zur Stützung des irdischen Zeugnisses der wahren und treuen Gemeinde auf der Erde darstellt.

Ich suche keineswegs Streit mit meinen Brüdern, die das anders sehen. Ich bitte lediglich, dass sie mit uns allen die Herausforde-rung unseres Meisters annehmen und uns in der Ausführung sei-nes Befehls ermutigen und unterstützen. Christus ist für einen jeden Menschen gestorben. Es ist daher notwendig und *normal*, dass ein jeder Mensch das zu wissen bekommt. Der letzte Befehl unseres Herrn ist klar:

»Und Jesus trat herzu und redete mit ihnen und sprach: Mir ist alle Gewalt gegeben im Himmel und auf Erden. Gehet nun hin und machet alle Nationen zu Jüngern und taufet sie auf den Namen des Vaters und des Sohnes und des Heiligen Geistes und lehret sie, alles zu bewahren, was ich euch geboten habe. Und siehe, ich bin bei euch alle Tage bis zur Vollendung des Zeitalters« (Mt. 28,18-20).

»Und er sprach zu ihnen: Gehet hin in die ganze Welt und prediget das Evangelium der ganzen Schöpfung. Wer da glaubt und getauft wird, wird errettet werden; wer aber nicht glaubt, wird verdammt werden« (Mk. 16,15.16).

»... und in seinem Namen Buße und Vergebung der Sünden gepredigt werden allen Nationen, anfangend von Jerusalem. Ihr aber seid Zeugen hiervon; und siehe, ich sende die Verheißung meines Vaters auf euch. Ihr aber, bleibet in der Stadt, bis ihr angetan werdet mit Kraft aus der Höhe« (Lk. 24,47-49).

»Sie nun, als sie zusammengekommen waren, fragten ihn und sagten: Herr, stellst du in dieser Zeit dem Israel das Reich wieder her? Er sprach aber zu ihnen: Es ist nicht eure Sache, Zeiten oder Zeitpunkte zu wissen, die der Vater in seine eigene Gewalt gesetzt hat. Aber ihr werdet Kraft empfangen, wenn der Heilige Geist auf euch gekommen ist; und ihr werdet meine Zeugen sein, sowohl in Jerusalem als auch in ganz Judäa und Samaria und bis an das Ende der Erde« (Apg. 1,6-8).

Jesus sagt in seiner Weissagung also drei Dinge, die die Gemeinde der letzten Tage betreffen:

Es ist *notwendig*, dass alle Nationen vor seiner Wiederkunft evangelisiert werden (Mk. 13,10).

Sie *werden* evangelisiert *werden*, das ist gewiss (Mt. 24,14).

Es wird eine treue Gemeinde geben, eine Minderheit, die zweifelsohne furchtbar verfolgt werden wird, die aber bis ans Ende ausharrt.

Es ist folglich gewiss, dass die Aufgabe durch diese Minderheit ausgeführt werden wird.

Unsere Aufgabe besteht darin, das Evangelium zu predigen und jeden Menschen auf den einzigen Weg der Errettung aufmerksam zu machen. Das ist die Aufgabe, die der Gemeinde gestellt ist. In der Endzeit wird die Mehrheit der sogenannten Christen nicht mehr an das Evangelium glauben. Jene, die glauben, werden ausharren, aber nicht durch natürliche Kraft, sondern durch die Gnade Gottes, wie auch wir. Sie werden diese Gnade bis ans Ende bezeugen.

Jesus macht uns ganz klar, dass die wohl eine Mehrheit den breiten und bequemen Weg gehen wird, dass aber bis zuletzt eine treue Minderheit bleiben wird, welche in der Wahrheit beharrt und dass er durch diese Minderheit seine Absichten erfüllen wird. Das lässt uns an Männer aller Zeiten denken, welche Großes für Gott gewirkt haben; denn Abraham, Mose, Joseph, Jeremia und Daniel waren alles *einsame* Männer. Noah war *der Einzige* in seiner Generation. Mose ist zusammen mit Aaron dem großen Gewaltherrscher seiner Zeit *allein* gegenübergetreten. Gideon hatte nur seine 300, David seine 600, Jesus Christus seine Zwölf (oder eher: Elf); Paulus hatte seine Handvoll Mitarbeiter. Und doch, Gott war mit diesen Männern. Sie hatten den als Beistand und Begleiter, der mehr ist als alle Mächte und alle Reichtümer der Welt.

O mein Bruder! dass Gott uns gegenüber dem Herrn Jesus Christus völlig treu erhalte! Welch Vorrecht ist es, zu jener Minderheit zu gehören, die den großen Gott so innig kennt! Möchte er uns zu diesen zählen, was auch kommen mag!

Ich behaupte nicht zu wissen, ob Seelen gerettet werden während der Herrschaft des Antichristen. Ich weiß nur, dass das ausschließlich durch Gottes Gnade geschehen könnte.

Der Prophet Amos sagt (8,11.12), dass dann eine geistliche Hungersnot sein wird und die Menschen dann das Wort des Herrn suchen, aber nicht finden werden. Bedeutet das, dass alle Bibeln verschwunden sein werden während jener Zeit absoluter Finsternis?

Wenn heute, da die Gemeinde, mit dem Heiligen Geist ausgerüstet, noch auf der Erde und die Bibel noch verbreitet ist, die

Menschen nur mit Not errettet werden, wie können wir hoffen, sie würden sich dann retten lassen, wenn die Nationen alle Gnadenmittel radikal verworfen haben werden?

Eine Sache ist unbestritten: *Heute* ist der Tag des Heils; *jetzt* müssen wir jede Gelegenheit nutzen, um den Nationen das Evangelium zu bringen.

Es ist offenkundig, dass die Seelen, die wir zu Christus führen und die Gemeinden, die zu bauen wir berufen sind, in den Wahrheiten des Evangeliums fest gegründet sein müssen, damit sie in der Verfolgung und inmitten des Abfalls bestehen und sich bis ans Ende unaufhaltsam vermehren.

Kapitel 4
Die Meisteridee Jesu Christi: die Zelle

Nach unserem kurzen Studium der Gedanken Jesu Christi über seine Gemeinde sind wir, wie ich hoffe, in der Lage, das Wesentliche an seiner Schau zu erfassen: das, was ich gerne »die Meisteridee Jesu Christi« nenne.

Wir werden noch besser in der Lage sein, seinen Gedanken zu erfassen, wenn wir einen Augenblick innehalten und sein Werk in der natürlichen Schöpfung betrachten.

Der Sohn Gottes ist der Urheber des Kosmos

Der Sohn Gottes ist nicht allein der Architekt der Gemeinde, sondern auch des ganzen Universums. Allein in ihm besitzen wir eine klare und geschlossene Schau der Wege Gottes.

Er ist der ewige *Logos*, die unendliche Weisheit und der grenzenlose Verstand Gottes (Spr. 3,19.20; 8,1-36; Joh. 1,1.2). Von ihm leiten sich die Gesetze der allgemeinen Energie her. Alle Dinge sind durch den *Logos* erschaffen und nichts von allem Geschaffenen ist ohne dieses erschaffen (Joh. 1,3). »Denn durch ihn sind alle Dinge geschaffen worden, die in den Himmeln und die auf der Erde, die sichtbaren und die unsichtbaren ... alle Dinge sind durch ihn und für ihn geschaffen« (Kol. 1,16).

Das Wort lehrt uns, dass Jesus Christus Anfang und Ursprung aller Dinge ist. Von ihm stammt die mathematische und paradoxe Struktur der Energie, welche die Existenz des Photons, des Atoms, des Moleküls und der lebendigen Zelle möglich macht.

Alles, was Gott tut, trägt seine Fingerabdrücke und enthüllt uns seine Person. So wie wir die Seele des Komponisten, Dichters und Malers in seinen Werken erkennen, so sehen wir an der gesamten Schöpfung die Wesenheiten des Schöpfers, dessen, der von sich selbst sagt, dass er gleichzeitig Licht und Liebe ist.

Durch die Bibel verstehen wir, dass Gott *Licht* ist. So wie das weiße Licht der Sonne in den sieben Spektralfarben des Regenbogens erstrahlt, so verhält es sich mit dessen Urheber: Gott ist eins; es gibt nur einen Gott, dennoch ist er nicht eine Einzelperson. Im Schoß seiner absoluten Einheit entdecken wir eine tiefe Vielfalt.

Die Bibel offenbart uns, dass Gott *Liebe* ist. Es ist evident, dass der Gott, der vollkommene Liebe ist, nicht eine ewig einsame Existenz unterhalten kann; denn niemand, nicht einmal der Schöpfer, kann ein Nichts, ein Nichtseiendes, lieben. Das bedeutet, dass Gott, der nur eins ist, in sich selbst dennoch den Gegenstand seiner Liebe trägt, den er seinen Sohn nennt.

So offenbart uns die Bibel den Schöpfer als *eine Vielfalt in der Einheit*. Es ist daher nicht überraschend, in seiner ganzen Schöpfung – sei es in der physikalischen, sei es in der geistlichen – dieses gleiche paradoxe Prinzip der Vielfalt in der Einheit anzutreffen.

Die Energie selbst ist paradox. Sie kommt zu uns in Form einer Ladung oder einer Strömung, die zugleich positiv und negativ ist. Diese beiden einander scheinbar widersprechenden Formen bilden gemeinsam die *Realität*. Wenn wir nicht beides gleichzeitig haben, haben wir gar nichts. Das ganze Universum ist aus paradoxen Kräften zusammengesetzt, die zugleich von einer kaum wahrnehmbaren Komplexität und Kohärenz sind. Das ist nicht überraschend, da es ja nur den Charakter von dessen Urheber widerspiegelt.

Der Grundstein der Materie ist *das Atom*, das eine absolute Einheit ist, während es zugleich eine extreme Komplexität besitzt, ist es doch aus einander entgegengesetzt geladenen Teilen zusammengesetzt. Die Naturwissenschaften haben erst angefangen, den Geheimnissen der kleinsten Bestandteile, aus dem es aufgebaut ist, auf die Spur zu kommen.

Das Molekül ist noch komplexer als das Atom, obwohl es ebenfalls eine vollkommene Einheit ist. In allen Werken des Schöpfers
finden wir den Ausdruck dieser grundlegenden Eigenschaft seines Charakters, der Vielfalt in der Einheit.

Der Mensch ist selbst ein Paradox, denn er ist ohne die Frau
nichts. Es sind Mann und Frau zusammen, welche erst den Menschen ausmachen. Gott sagt, dass er den Menschen in seinem
Bild schuf, »Mann und Frau schuf er sie« (im Hebräischen: ein
Männliches und ein Weibliches.) Der eine kann ohne den andern
das Bild Gottes nicht darstellen.

Die Person Christi ist ebenfalls paradox, denn Christus ist
Mensch – nicht ein Supermensch –, während er gleichzeitig Gott
und nichts weniger als Gott ist. Es sind Dinge, die der bloße Verstand unmöglich erklären kann, die aber dennoch offenkundig
wahr sind.

Die lebendige Zelle

Was sollen wir erst von *der lebendigen Zelle*, die man »biologisch«
nennt, sagen, jener Einheit, die allen bekannten Formen des
Lebens zu Grunde liegt? Vor einem Jahrhundert dachte man,
dass die Zelle nur ein Schleimklumpen sei, den man Protoplasma
nannte, ohne dass man dessen Bestandteile gekannt hätte. Heute
wissen wir, dass eine mikroskopisch kleine Zelle so komplex ist
wie eine vollständige Stadt mit ihren Verkehrsadern, Fabriken,
Telefonleitungen und ihrer Verwaltungszentrale.

Die »Verwaltungszentrale« der Zelle, die man den Zellkern
nennt, funktioniert wie ein Superrechner. Er steuert die vielfälti-
gen komplizierten chemischen und elektrischen Prozesse, durch
die die Zelle sich erhält und zum Wachstum und zur Festigkeit
des ganzen Körpers beiträgt. Es wäre unglaublich, wenn es nicht
wahr wäre. Der Zellkern enthält die ganze für die Vermehrung
benötigte Information eines vollständigen Menschen. Der
Umfang und die Genauigkeit dieser immensen Menge an Information übersteigt jedes Vorstellungsvermögen. Der Nobelpreis-

träger F. H. C. Crick vergleicht sie mit einer Bibliothek von 1 000 Enzyklopädien zu je 500 Seiten. Das Verblüffende ist, dass diese gewaltige Information in den Chromosomen in einem genetischen Code von lediglich vier »Buchstaben« (den vier Nukleinsäuren) in Wörtern zu je drei »Buchstaben« niedergelegt ist. Dennoch gelingt es der Zelle, diese gewaltige Menge Information in den von bloßem Auge nicht erkennbaren Genen innerhalb von zwanzig Minuten zu reproduzieren.

Noch verblüffender ist die Tatsache, dass jedes der sehr zahlreichen Ribosomen in der Zelle (man könnte sie mit extrem spezialisierten Chemiewerken vergleichen) den genetischen Code in zehn Sekunden lesen kann! Man bedenke: Diese geradezu erschreckende Komplexität befindet sich in einem Mikrokosmos von absoluter Einheit.

Das Wunder der Zellteilung

Noch außergewöhnlicher als die Vielfalt in der Einheit der Zelle ist ihre Fähigkeit der Vermehrung. Die Zelle kann sich vermehren, indem sie sich innerhalb von einer halben Stunde in zwei eigenständige Zellen teilt. Innerhalb von lediglich neun Monaten vermehrt sich eine einzige menschliche Zelle, nachdem sie einmal befruchtet worden ist, mehrere Milliarden Mal, und das nicht nach Zufall, sondern so gesteuert, dass die Zellen zusammen einen Säugling, einen vollkommenen und vollständigen Menschen, bilden. Dabei ist in den Chromosomen einer jeden einzelnen Zelle der ganze genetische Code eingetragen. Wenn das jetzt zum ersten Mal geschähe, würde man es als das größte aller Wunder bezeichnen. Weil aber dieses Wunder der Zellteilung sich jeden Tag tausendfach wiederholt, in Pflanzen, Tieren und Menschen, verwundert sich niemand. Es erscheint uns als etwas ganz Gewöhnliches.

Das Alleraußergewöhnlichste ist aber die *Intelligenz*, mit der sich dieser Prozess abwickelt. Es geht nicht um eine bloße arithmetische oder geometrische Multiplizierung, sondern es wächst ein sinnvolles und formvollendetes Ganzes von unbegreiflicher

Komplexität heran, dessen Teile gleichzeitig in wundersam harmonischer Weise aufeinander abgestimmt sind.

Im Johannesevangelium erfahren wir, dass das Wort Gottes der Urheber aller Dinge ist und dass in ihm das Leben ist (Joh. 1,1.4). Die Wissenschaft hat inzwischen anerkannt, dass das Leben der Zelle durch *den genetischen Code* Bestand haben und sich vermehren kann, oder anders gesagt: *durch das Wort*. Woher kommt denn der Code? Welches ist die Quelle dieses unabsehbar komplexen Netzes der Information, wenn nicht der Logos Gottes, der Christus?

Durch seinen Sohn wirkt der Schöpfer all diese Wunder. Es ist Jesus Christus, der durch seinen Geist die lebendige Zelle ausgedacht und geschaffen hat und sie befähigt, zu leben und sich so zu vermehren, dass sie einen wunderbar harmonischen Leib, das Gehirn eines Einstein und die Finger eines Michelangelo bilden können. Es ist Christus, der alle Dinge durch sein mächtiges Wort trägt (Hebr. 1,3).

Die geistliche Zelle

Der Sohn Gottes ist der Architekt sowohl des Universums als auch der Gemeinde: »Ich werde meine Gemeinde bauen« (Mt. 16,18). Er, der das Atom und die lebendige Zelle »erfunden« hat, hat auch *die geistliche Zelle* entworfen. Wenn sein Geist jeden Augenblick und überall in der physikalischen Welt das biologische Wunder der Zelle wirkt, warum sollte sein geistliches Werk nicht ebenso wunderbar, wenn nicht noch wunderbarer sein?

Das Werk Gottes spiegelt nicht allein in der natürlichen Schöpfung seinen Charakter, sondern auch in der neuen Schöpfung, ja, dort noch offenkundiger. So wie er den Kosmos auf dem Prinzip der Vielfalt in der Einheit aufgebaut hat, so hat er auch sein geistliches Werk konzipiert. Daher verwundern wir uns nicht, wenn wir feststellen, dass in der Gemeinde diese gleiche Komplexität in der Einheit besteht. Wie die biologischen Organismen von der

Zelle an beginnen, so beginnt die Gemeinde von der geistlichen Zelle an.

Die Entdeckung dieses Prinzips in den Lehren des Herrn Jesus hat mein ganzes Verständnis von der Gemeinde und vom Werk Gottes verändert. Wie der menschliche Leib sich aus Zellen zusammensetzt, so besteht der Leib Christi aus geistlichen Zellen. Eine jede dieser Zellen, und ist sie noch so komplex, ist in den Augen Gottes eine wahre Einheit, welche die Einheit widerspiegelt, welche seine eigene Dreieinheit charakterisiert.

Die geistliche Zelle ist gewiss nicht weniger wunderbar als die biologische. Sie wird durch den ewigen Logos ins Dasein gerufen; sie existiert durch einen göttlichen Akt, sie wird durch seinen Odem geschaffen, durch seinen Heiligen Geist.

Das Wunder der geistlichen Zelle ist umso größer, als die Bestandteile ihrer Einheit lebendige und unendlich vielfältige Personen sind, welche alle ihren je eigenen Willen besitzen. So wie Gott in der Dreiheit eins ist, kennt die Gemeinde, *so wie Jesus Christus sie gewollt hat*, eine Einheit, welche mit der Einheit vergleichbar ist, die zwischen dem Vater und dem Sohn besteht. »Auf dass sie eins sein, gleich wie wir eins sind«, das war sein Gebet (Joh. 17,11-22). Nicht lediglich »eins«, sondern »gleich wie wir eins«.

Die wahre Kirche ist ein übernatürliches Phänomen, das kein Mensch erzeugen kann. Der Mensch kann Strukturen errichten, ein Programm erstellen, ein System entwerfen ... aber keines dieser Dinge hat Leben in sich. Sie sind alle tot. Allein Gott kann Leben erzeugen, allein Christus kann das Wunder der geistlichen Zelle wirken.

Diese Feststellung bekommt angesichts der schicksalhaften Zeit, in der wir leben, allergrößte Bedeutung. Wir müssen um jeden Preis das Geheimnis des Gedankens Jesu Christi begreifen; wir müssen darum ringen, das zu verstehen, was er selbst uns gelehrt hat, was er selbst unter »Gemeinde« versteht. Warum sollten wir ihn nicht darum bitten, in unseren Tagen das zu verwirklichen, was er wirklich auf dem Herzen trägt?

Oder ist es nicht so, dass wir von seiner Meisteridee, der Gemeinde als geistliche Zelle, jener »explosiven« Einheit, die allein und eigenhändig in der Lage ist, den Gang unserer Geschichte zu ändern und das Evangelium der Gnade Gottes bis an die Enden der Erde dringen zu lassen – und sogar bis zum letzten Bewohner unserer Straße –, kaum einmal die Oberfläche angekratzt haben?

Der Kern der geistlichen Zelle kann nichts anderes sein als Jesus selbst. Er ist die Mitte. Wie der ganze Körper vom Gehirn gesteuert wird, wie die Elektronen um den Atomkern kreisen, wie die verschiedenen Bestandteile der Zelle in ihrem Zusammenwirken um den Zellkern gelagert, wie die Zweige mit dem Stamm verbunden sind, der ihnen den Saft zum Wachstum der Blätter, Blüten und Früchte spendet, so sind alle Glieder des Leibes Christi in seine Person eingebunden.

Folglich kann ich nur in dem Maß wahre Gemeinschaft mit meinen Brüdern leben, als ich in Verbindung mit Christus stehe. Wenn in einer lebendigen Zelle Elemente nicht mehr in Beziehung zum Zellkern stehen, dann können sie es auch nicht zu den übrigen Elementen der Zelle. Die Zelle ist dann krank und gefährlich; sie zerfällt und steckt den Leib an. Nach den Gedanken des Herrn kann die horizontale Gemeinschaft unter den Gliedern des Leibes nur in dem Maße funktionieren, als jedes einzelne Glied in enger vertikaler Beziehung zu ihm, dem Haupt, steht. Der Geist Gottes kann in diesem Fall alle Teile des Leibes Christi zu göttlicher Einheit zusammenschweißen und sie mit außergewöhnlicher geistlicher Energie erfüllen.

Die geistliche Zelle gleicht ein wenig einer elektrischen Batterie. Diese besteht gewöhnlich aus drei Elementen, die untereinander verbunden sind. Ist das der Fall, ist die Batterie elektrisch geladen und man kann sie jederzeit benutzen.

Wenn aber diese drei Elemente nicht vollständig miteinander »vereint« sind, kann die Batterie die Ladung nicht behalten. Ein Kurzschluss oder ein schlechter Kontakt macht seine Brauchbarkeit zunichte.

Wenn die einfache Batterie einer Taschenlampe die empfangene Energie behalten und gebrauchen kann, was sollen wir dann von der atomaren »Batterie« mit ihrer furchterregenden Kraft sagen oder erst recht von den geheimnisvollen »Batterien« kosmischer Energie, den Pulsaren und Quasaren, deren Kraftsignale uns von den Grenzen des Alls noch erreichen? Und sollte die Kraft Gottes in der geistlichen Welt weniger wirksam sein als in der physikalischen?

Jesus Christus denkt sich seine Gemeinde als ein Reservoir geistlicher Energie. Wenn sie in gutem Zustand ist, kann er sie jederzeit verwenden, um das *Licht* seines Wortes, die Wärme seiner *Liebe* oder die *Kraft* seines Geistes zu erzeugen. Für den Herrn ist die Gemeinde so einfach wie ein Lichtstrahl oder wie das Lächeln eines Kindes, während es gleichzeitig so tief und so komplex ist wie das Atom oder das All.

Der Herr sieht die Gemeinde als ein Wunder der Einheit in der Vielfalt, das fähig ist, sich endlos zu vermehren, um einen einzigen Leib zu bilden, einen lebendigen Organismus, der wächst und sich entfaltet, bis die letzte Seele gerettet und in ihm eingefügt worden ist.

So hat sich die erste Zelle, die aus den 120 Jüngern der ersten Gemeinde in Jerusalem bestand, an einem einzigen Tag um das 25fache vermehrt, nämlich auf 3 000 Seelen. Von diesen sind viele in der gleichen Woche in ihre Heimat zurückgekehrt, um dort neue Zellen zu bilden.

Die Gemeinde von Jerusalem hat sich dann zuerst in den Gruppen vermehrt, die sich in den in der ganzen Stadt verstreuten Häusern der Gläubigen gebildet hatten (Apg. 2,46). Dann wuchs sie wieder dank der Verfolgung und vermehrte sich in der ganzen Gegend von Judäa und Samarien (Apg. 8,1-5.40; 9,31-36), in Phönizien und auf Zypern, in Antiochien (Apg. 10,1; 11,19.20; 13,49-52) ... und schließlich in Europa (16,9-12).

Dennoch gab es für diese ersten Christen *nur eine einzige Gemeinde*. Es gab nur *einen* Retter und Herrn, *einen* Geist, *ein* Evangelium. Gehörte man Christus, dann war man auch eng verbunden mit der einzigen Gemeinde, mit dem Leib Christi. Die Christen wirkten zwar aus praktischen Gründen in geographisch eigenständigen Gruppen, aber das raubte ihnen nie die Überzeugung, mit allen andern Gruppen *eins* zu sein, so wie jede Zelle unseres Leibes mit dem Leben und Wirken des Ganzen untrennbar verbunden ist. Die Gemeinde hat als eine einzige Zelle begonnen, um sich dann in dem Maß, wie die Zellen sich vermehrten, zu einem Leib zu entwickeln, der unablässig wächst.

Der Leib Christi ist aus unzähligen Zellen zusammengesetzt, aus den örtlichen Gemeinden. Wie eine jede Zelle im menschlichen Leib die gleichen Chromosomen besitzt, welche die komplette Information aller Eigenschaften des ganzen Individuums enthält, so verhält es sich auch mit den geistlichen Zellen: Jede örtliche Gemeinde ist eine in sich geschlossene Einheit, eine eigenständige Zelle, ein geistlicher Mikrokosmos, eine Welt für sich, eine Einheit, welche Christus in seiner ganzen Fülle besitzt, während sie gleichzeitig ein Teil der Gesamtheit der weltweiten Gemeinde, des Leibes Christi, ist.

Und auch der ganze Leib, die weltweite Gemeinde mit ihren unzähligen Zellen, ist ein geistlicher Makrokosmos. Auch er ist eine Einheit, welcher auf weltweiter Ebene die gleichen Wesenheiten der Person Christi widerspiegelt. Wie nötig hat es die Welt, dieses Wunder zu sehen!

Die Zelle: Jesus, Marx oder ... wer?

Man wird jetzt vielleicht einwenden, dass alles, was ich gesagt habe, ja sehr schön sei, aber auch sehr idealistisch. Lässt es sich ausführen? Kann man wirklich hoffen, dieses Konzept der Gemeinde als Zelle in die Tat umzusetzen? Handelt es sich nicht um eine Vorstellung von eher theoretischem Interesse?

Darauf antworte ich: Wenn die Christen den Gedanken der Zelle, der auf die Vision Jesu Christi selbst zurückgeht, nicht ernst nehmen, und wenn sie ihn von anderen, die es an ihrer Stelle tun.

Das kommunistische Ideal – ein biblisches Konzept?

Karl Marx war zwar jüdischer Herkunft, aber er wuchs in der lutherischen Tradition auf. Es ist offensichtlich, dass er das Neue Testament recht gut kannte, denn als junger Mensch schrieb er einmal einen Schulaufsatz mit dem Titel: »Das Einssein des Gläubigen mit Christus«. Bevor er seine wirtschaftlichen und gesellschaftlichen Theorien entwickelte, muss er aus der Bibel wichtige Gedanken geschöpft haben, wie eben die Forderung nach sozialer Gerechtigkeit, dem Schutz der Armen und die Idee eines zukünftigen »goldenen Zeitalters«.

Die urchristliche Gemeinde in Jerusalem praktizierte eine Art von »Kommunismus«, denn »alles war ihnen gemein«[104] (Apg. 4,32). Jesus Christus selbst war der echteste »Kommunist« der ganzen Menschheitsgeschichte, denn er ist der Einzige, der dieses Ideal vollständig ausgelebt hat. Er hat alles für andere gegeben.

Die kommunistische Zelle

Wenn Marx sich für seine Idee einer egalitären Gesellschaft zu einem Großteil von der Bibel hatte inspirieren lassen, dann konnte er genauso gut die Idee der »Zelle«, die seine Nachfolger weiter entwickelt und mit außergewöhnlichem Erfolg verwendet haben, aus ihr geborgt haben. Marx hat auf jeden Fall den Wert der Zelle verstanden. Lenin begann im Jahre 1905 mit lediglich 17 Jüngern. Indem sie das Prinzip der Zelle übernahmen, haben die Kommunisten in zwei oder drei Generationen die Welt mit ihren Lehren erfüllen und ein Drittel der Welt regieren können.

Der Irrtums von Marx war der, dass er den Stamm von den Wurzeln trennte. Er dachte, er könne den Menschen die Früchte des Geistes Christi geben, während er diesen Geist leugnete und ihn mit allen Kräften bekämpfte. Der Marxismus wurde so zum erbitterten Feind des wahren »Kommunismus«!

---

104 »gemein«, Lat. communis, woher das Wort Kommunismus kommt (der Übers.).

Vor einigen Jahren predigte ein mir bekannter Gottesmann in einer französischen Stadt das Evangelium, als ein junger Kommunist, der von seiner Predigt sehr beeindruckt war, ihm folgen des Bekenntnis machte:

»Ich sage Ihnen einmal, wie wir Kommunisten vorgehen. Es genügt, dass wir drei engagierte Leute in einem Wohnbezirk haben, um eine Aktion zu starten. Wir bilden sofort eine Zelle und dann wenden wir uns ans Hauptquartier in der Hauptstadt, welches uns sofort einen Experten schickt, der uns die Ideologie beibringt und uns zeigt, wie wir uns mit Literatur eindecken und uns für die Aktion rüsten können.«

Auf diesem Weg kann eine Zelle von drei engagierten Männern eine ganze Bevölkerung beeinflussen, und sie bekommt häufig Zugang zu Schlüsselpositionen in den Ämtern und Medien.

Marx hat das begriffen, was die Gemeinde vergessen hat

Warum haben die Feinde des Evangeliums das Wesen und den strategischen Wert der Zelle kapiert, während die Gemeinde sich damit begnügt hat, auf Traditionen zu bauen, die keine Grundlage im Neuen Testament haben, sondern vielmehr den Verwaltungsstrukturen der Kirche Roms abgeguckt sind? Die Gemeinde hat in unbegreiflicher Weise die biblische Lehre über sie selbst vergessen! Warum das?

Die Erklärung findet sich in der Tatsache, dass der Teufel sehr wohl weiß, wie die Wahrheit über die Gemeinde seine Macht über die Nationen erschüttern könnte. Er fürchtet mehr als alles andere die Verwirklichung der wahren Gemeinde. Er hat furchtbare Angst vor der geistlichen Zelle, wie Jesus sie begreift, das heißt vor der Gemeinschaft, welche durch die Gegenwart Christi von der Allmacht des Heiligen Geistes durchdrungen ist.

Es ist die tragischste aller Ironien, dass es dem Teufel gelungen ist, den Lauf der Geschichte durch eine aggressiv antichristliche und antigöttliche Philosophie zu prägen, indem er das strategische Konzept des Herrn Jesus angewendet hat. Der Gedanke der geistlichen Zelle, von der die kommunistische Zelle nur eine Karikatur ist, hat das Denken der Christenheit sehr wenig beeindruckt, während die Kommunisten ihn zu ihrem Vorteil ausgenützt haben.

Zwei Bewegungen: Gegensatz und Vergleich

Innerhalb des 19. Jahrhunderts sind zwei große Bewegungen entstanden, welche die Welt tief geprägt haben:

der Marxismus

die protestantische Missionsbewegung

Eine jede dieser beiden Bewegungen begann mit einer Schau von der Eroberung der Welt. Die eine, nur mit seinem Wort und Geist ausgerüstet, wollte die Welt für Christus gewinnen. Die andere zog aus, um den Namen Christi von der Erde zu tilgen und verwendete dabei alle Waffen von List bis zu Gewalt. 1853 reiste Hudson Taylor nach China, um im Inneren dieses riesigen Reiches Christus bekannt zu machen.[105] Marx veröffentliche 1848 sein Kommunistisches Manifest und begann zusammen mit seinen Anhängern seinen Plan zur Erringung der Weltherrschaft in die Tat umzusetzen, kurz nachdem die protestantischen Kirchen und Gemeinden angefangen hatten, den weltweiten Missionsbefehl auszuführen.

Diese missionarischen Anstrengungen waren bewunderungswürdig. Wenn wir die Biografien dieser Männer lesen, müssen wir ihren Mut und ihre Opferbereitschaft bewundern. Sie haben in unbekannten Ländern für unmöglich gehaltene Werke getan, waren unzähligen Gefahren und Entbehrungen ausgesetzt und lebten unter einfachsten Bedingungen und oft in sehr feindlicher Umgebung.

---

105 Die moderne protestantische Weltmission begann mit William Carey, der von 1793 bis 1835 in Bengalen wirkte. Sein Beispiel setzte die von England ausgehende protestantische Weltmission in Gang und beeinflusste auch Hudson Taylor (der Übers.).

Als Ergebnis dieser Opfer leben in gewissen Regionen ihres Wirkens heute mehr Christen als in den meisten europäischen Ländern.

Zwei Bücher

Dieser Erfolg erklärt sich durch die Verwendung einer Waffe von unvergleichlicher Stärke: *das Neue Testament*. Dieses haben die Missionare übersetzt und nach Kräften verbreitet. Sie nahmen die Mühen auf sich, fremde Sprachen zu meistern, um die Bibel in die Sprachen der bisher nicht erreichten Völker zu übersetzen. Neben der Lektüre der Bibel sind es die Lebensberichte solcher Arbeiter, welche uns am meisten zu einem Leben der Hingabe drängen.

Offenkundig hatten auch die Kommunisten ihre »Bibel«. Die in Büchern verbreitete Ideologie von Marx und Engels und ihrer Nachfolger war die Waffe, mit der sie die Massen fangen konnten. Dazu kam ihre Verwendung der Struktur der Zelle, welche sich als das unvergleichliche Mittel erwiesen hat, um ihre Ideen in der ganzen Welt zu verbreiten.

Zwei Werkzeuge

Jesus Christus und Marx haben beide mit den zwei gleichen Mitteln die Welt verändern wollen:

> das Buch
> die Zelle

Die protestantischen Christen haben – bis zu einem gewissen Grad – die Wichtigkeit der Bibel und besonders des Neuen Testaments begriffen, aber die Nützlichkeit und Wichtigkeit der Zelle haben sie kaum erkannt.

Man muss außerdem beklagen, dass die Christen bei ihrem Gebrauch des Buches als missionarisches Werkzeug beweisen, dass sie zu wenig erkannt haben, was auf dem Spiel steht. Lasst uns ein wenig rechnen:[106]

---

106 Meine Zahlen beziehen sich auf Daten aus den 60ern.
Ich besitze keine jüngeren.

Auf jedes von evangelikalen Christen gedruckte Buch kommen 40 kommunistische. Wenn die Christen 100 Bücher publiziert haben, haben die Marxisten 4000 veröffentlicht. Zudem sind von 100 christlichen Büchern 95 (wenn nicht mehr) für die Erbauung der Christen geschrieben und nur 5 evangelistisch, während fast die Gesamtheit der kommunistischen Publikationen der Propaganda unter Nichtkommunisten dient. Mit anderen Worten: Die Marxisten veröffentlichen 800mal mehr Propaganda als die Christen, davon den Großteil in der Dritten Welt.

Dieses Ungleichgewicht ist weniger die Schuld der Missionare als der Gemeinden, die zurückblieben und oft nichts tun, um sie zu unterstützen in ihrem Auftrag, die Enden der Welt mit dem Evangelium zu erreichen. Welche Torheit! Welch Mangel an geistlicher Schau und welch Ungehorsam gegenüber dem Befehl des Herrn, alle Nationen zu *Jüngern* zu machen! In der Zwischenzeit haben wir immer wieder das gleiche Lied hören müssen: »Die Missionare haben uns das Lesen beigebracht und die Kommunisten haben uns die Lektüre gegeben.«

Zwei Methoden

Wenn es den Kommunisten gelang, ihre »Bibel« in der ganzen Welt bekannt zu machen, dann verdankten sie diesen Erfolg, ich wiederhole, der Zelle, die sie als Werkzeug für örtliche Aktionen einsetzten.

Wenige Gemeinden und Missionsgesellschaften des 19. und beginnenden 20. Jahrhunderts scheinen ernsthaft über die *Weiterführung* ihrer Arbeit nachgedacht zu haben. Anstatt dass sie sich am Neuen Testament orientierten, um dort das Modell der örtlichen Gemeinden zu finden, das zu ihrem Umfeld am besten gepasst und zudem dem ursprünglichen Gedanken des Herrn am meisten entsprochen hätte, gaben sie sich vielfach damit zufrieden, die kirchlichen Traditionen ihrer Heimat zu reproduzieren. Damit reproduzierten sie oft genug auch die Probleme und Kontroversen ihrer Heimat. Als sie das Evangelium in jungfräulichen Boden pflanzten, neigten sie dazu, ihm auch eine westliche Kultur aufzupfropfen, die nicht immer zum kulturellen Umfeld passte und zudem meist nicht einmal biblisch war.

So finden wir überall – in Afrika, in Asien und in Lateinamerika – die gleichen Meinungsunterschiede, Konflikte und Denominationen wie im Abendland und dazu leider allzu oft auch die gleiche starre Haltung und den gleichen sektiererischen Geist, der bei uns das Werk des Herrn so erfolgreich gebremst hat.

Man muss anerkennen, dass einige Bewegungen wirklich versucht haben, zur Schlichtheit und Einfalt des Neuen Testaments zurückzukehren. Durch diese hat Gott vielen die Augen geöffnet. Wir denken an Männer vom Format eines Georg Müller oder Hudson Taylor und viele andere. Ich selbst habe enorm viel von ihren Schriften und von ihrem Vorbild gelernt.

Parallel zu dieser gewaltigen missionarischen Arbeit der Christen erfüllten Marx, Engels, Lenin und die andern Bauherren des Kommunismus die Welt mit ihrer Doktrin, *allerdings mit folgendem Unterschied:* Sie machten sich die Mühe, ein selbsttragendes und sich selbst vermehrendes System auf die Beine zu stellen. Es genügte ihnen nicht, Anhänger zu gewinnen, sie wollten *Aktivisten* heranbilden. Jeder neue Bekehrte sollte für ihr langfristiges Ziel eingespannt werden, er sollte beitragen zu einer unumkehrbaren *Kettenreaktion.* Bewusst oder nicht, sie benutzten das Modell, das Jesus Christus seinen Jüngern vorstellte, um die Welt zu erreichen: das Konzept der Zelle.

Wir haben keine Wahl

Wenn ich in diesem Buch von der Gefahr gesprochen habe, welche der kommunistische Koloss für die Christen darstellt, dann will ich nicht sagen, das sei die einzige Gefahr. Es existieren andere Kräfte, die ebenso gefährlich, wenn nicht noch gefährlicher sind, unter ihnen der Islam. Dieser ist bereit, jede Waffe gegen uns einzusetzen, auch physische Gewalt und die Unterdrückung unserer Freiheiten. Das ist der Fall in den meisten Ländern, die einst für das Evangelium offen waren. Wir haben nur die geistlichen Waffen Jesu Christi, um ihnen entgegenzutreten.

Nach menschlichen Maßstäben sind diese Waffen völlig ungenügend angesichts der enormen politischen, ökonomischen und religiösen Maschinerie, die gegen uns gerichtet ist. Wir wissen aber, dass der Herr Jesus Christus das letzte Wort haben wird und dass alle menschlichen und antichristlichen Kräfte vor seinem Angesicht in den Staub sinken werden. So wie er den Satan am Kreuz besiegt hat und das in vollkommener Schwachheit, so wird er neu und endgültig alle gegen ihn und seine Wahrheit gerichteten Mächte besiegen. Der Herr hat es nicht nötig, sich auf die Ebene seiner Feinde herabzubegeben und ihre ungerechten Waffen einzusetzen. Er wird sein Ziel erreichen. Unter Wahrung vollkommener Gerechtigkeit wird er am Ende den Sieg über jeden Feind davontragen.

Noch sind wir als seine Jünger auf dieser dem Glauben feindlichen Erde, noch stehen wir mitten im Kampf zwischen Licht und Finsternis. Wir müssen die Aufgabe bewältigen, die Christus uns anvertraut hat, wir stehen in einem bis aufs Äußerste gehenden geistlichen Kampf gegen Mächte, welche uns hassen und uns vom Erdboden vertilgen wollen.

Wir haben in Wahrheit keine Wahl. Wenn wir nicht besser gerüstet und weiser sind als der Feind, wie sollen wir dann den Sieg davontragen? Wenn die Armeen Hitlers im Mai 1940 Frankreich in wenigen Tagen niederwerfen konnten, dann nur, weil sie neue Taktiken entwickelt hatten, mit denen sie die Alliierten überrumpelten und blitzschnell niederrangen. General de Gaulle hatte allerdings schon vorher in seinen Werken jene militärischen Taktiken erörtert, welche die Deutschen gegen Frankreich einsetzten. Aber die alliierten Kräfte begnügten sich damit, die traditionellen Taktiken zu pflegen, mit denen sie prompt unterlagen. Hitler hätte auch Großbritannien besiegt, hätte die britische Luftwaffe nicht *vorher* gelernt, als Geheimwaffe den Radar zu gebrauchen, die die Deutschen daran hinderte, die Lufthoheit zu erringen.

Die Geschichte ist voll warnender Beispiele. Die Nationen, die nicht voranschreiten und sich auf ihren Traditionen ausruhen, werden von den kraftvolleren und weitsichtigeren Nationen verschlungen.

Die wahre Gemeinde hat keinen Ehrgeiz auf territorialen oder materiellen Gewinn. Sonst hätte der Herr der Gemeinde sie das Kriegshandwerk gelehrt; nun aber hat er ihr verboten, das Schwert zu gebrauchen. Unser einziges Schwert ist das des Geistes und unsere wirklichen Feinde sind nicht die Menschen, sondern die satanischen Mächte, welche die Menschen als Werkzeuge verwenden wollen, um den Namen Jesu von der Fläche des Erdbodens zu vertilgen und die Nationen der Gewalt der Finsternis zu unterwerfen. Die Agenten Satans gebrauchen immer größere List, sie bemächtigen sich der Medien, der Hochfinanz, der politischen Einrichtungen, der Wirtschaft und sogar der Religion; sie beuten die wissenschaftlichen und technischen Entdeckungen aus – dies alles, um den Menschen den Zugang zur Erkenntnis Jesu Christi zu verbauen.

Warum die Botschaft komplizieren?

Paulus sagt: »Ich bin allen alles geworden ...«[107]

Sollte sich die Gemeinde angesichts dieser heimtückischen Kräfte damit begnügen, mit veralteten Methoden und menschlichen Traditionen zu kämpfen? Um einen Fisch zu fangen, muss man einen Köder benutzen, auf den er anbeißt. Um eine neue Generation zu gewinnen, muss man bereit sein, alles zu opfern außer der Wahrheit, alles zu verändern und anzupassen, außer Jesus Christus selbst. Ich bin absolut davon überzeugt, dass die junge Generation von heute bereit ist, Christus ernst zu nehmen, wenn sie nur mit diesem Christus in seiner Reinheit und Schlichtheit konfrontiert werden kann, nicht aber mit einem Christus, der von Jahrzehnte oder Jahrhunderte alten Traditionen belastet und behindert ist.

Die Methoden der Evangelisation, die vor einer oder mehreren Generationen etwas taugten, erreichen heute kaum noch jemanden. Glücklicherweise gibt es schon Christen, die das verstanden haben. Es scheinen aber nur wenige Gemeinschaften zu sein, die erkannt haben, dass die *kirchlichen* Strukturen und Praktiken von gestern die Jugend nicht anziehen, sondern sie sogar abstoßen. Die geistliche Zelle mit der explosiven Gegenwart Christi hingegen berührt das Herz aller Menschen.

Die Person Jesu Christi hat ihre Anziehungskraft nicht verloren; die Bibel ist auch noch nicht veraltet, ganz im Gegenteil: Jede Generation wird neu von ihren Wahrheiten ergriffen, denn Christus ist jene Realität, welche die Antworten auf alle Sehnsüchte und Ängste einer jeden Menschenseele bereithält. Nur macht unsere Art, Christus der Welt darzustellen, ihn unverstehbar, ja, sogar »unsichtbar«. Wir verdunkeln seine Klarheit und seine Unmittelbarkeit durch zweitrangige Dinge, welche einmal ihre Bedeutung hatten, aber den Nöten unserer Zeitgenossen nicht mehr entsprechen.

Der Sohn Gottes gibt uns das Beispiel: Als er auf die Erde kam, machte er sich den Menschen vollkommen zugänglich, indem er wahrer Mensch wurde *wie wir*. Er war sogar bereit, sich in die Nation und Kultur der Juden einzufügen, um sich diesem Volk begreifbar zu machen. Auch Paulus wurde »allen alles, um etliche zu erretten«. Er machte sich »allen zum Sklaven, um so viele wie möglich zu gewinnen«.

Und wir? Wie soll einer einen Franzosen oder Deutschen für das Evangelium interessieren, wenn er ihn chinesisch anspricht? Aber wir Christen meinen, wir können Menschen zu Christus führen, wo wir eine Sprache sprechen, die niemand versteht – eine regelrechte Fremdsprache – und wo wir versuchen, ihnen Gewohnheiten aufzunötigen, welche der Botschaft oft ein unüberwindbares Hindernis in den Weg stellen. Wir stellen ihnen die Bibel vor und hängen dann unsere besondere Deutung oder einen Rattenschwanz von begleitenden Verpflichtungen an.

Christus ist so einfach ... Und wir haben die Weitergabe seines wahren Bildes an die Welt so kompliziert!

Tradition oder Gottes Wort?

Traditionen sind nicht notwendigerweise an sich schon schlecht. Jedes Land, jede Generation schafft sich seine eigenen Traditionen, welche oft dem Wachstum und der Verbreitung des christlichen Glaubens gedient haben. Sie sind gut, solange sie nicht im Widerspruch zum Wort Gottes stehen und solange der Heilige Geist sie verwenden kann, um die Wahrheit von Christus ungehindert und unverstellt zu vermitteln. Wir sollten die Tatsache aber nicht vergessen, dass der Herr Jesus genau darum gekreuzigt wurde, weil er nicht davor zurückschreckte, dem Wort Gottes zu gehorchen trotz der »Überlieferungen der Ältesten«, *Überliefe-rungen, welche das Wort Gottes ungültig machten*. Für die jüdischen Schriftgelehrten waren die Überlieferungen wichtiger geworden als die Wahrheit, die darzustellen sie vorgaben. Und es ist eine Tatsache, dass *die Traditionen in sich immer die Neigung haben, das Wort Gottes zu ersetzen*. Das ist heute noch so.

In vielen Ländern der Mission bestehen die Gemeinden aus Christen der zweiten oder dritten Generation. Es haben sich Traditionen festgesetzt, die nicht immer nützlich, manchmal sogar schädlich sind. Vor einigen Jahren wollte ein anglikanischer Missionar in einem bestimmten afrikanischen Land den Gottesdienst vereinfachen. Er wollte ihn beleben und dem Neuen Testament mehr angleichen. Dabei stieß er bei den *afrikanischen* Anglikanern auf heftigeren Widerstand als bei seinen europäischen Brüdern! Wir kennen ein wenig (und sogar sehr viel) die gleiche Sorte von Problemen in Deutschland und in anderen Ländern Europas. Warum ist es uns so schwer, die Schlichtheit des Neuen Testaments zu erreichen?

Kehren wir zurück zur Quelle!

Jede Generation hat es nötig, zur Quelle zurückzukehren; sie muss die Botschaft des Neuen Testaments jedesmal neu für sich entdecken. Das bedeutet keineswegs, dass wir alle geistlichen Reichtümer verschmähen, welche vorangegangene Generationen uns vererbt haben. Behalten wir das Gute, aber wagen wir es, *weiter und tiefer zu gehen!* Anstatt das 18. oder 19. Jahrhundert als Grundlage und Richtschnur zu nehmen, wollen wir das Wort Gottes zum Ausgangspunkt nehmen. Nur dann wird das Fundament, auf dem wir bauen, rein und fest sein.

Es ist an der Zeit, dass wir unsere Art zu evangelisieren überdenken, die Gemeinde überdenken, die Zukunft überdenken und alle unsere Meinungen durch den Schmelztiegel des Wortes Gottes gehen lassen. Ein Werk, das auf den Felsen gegründet ist, wird Bestand haben; alles andere wird einbrechen oder dem Feind in die Hände spielen.

Heute noch: Gemeinde als Zelle?

In Zeiten des Friedens lassen sich die Nationen gehen und lassen alles gewähren, bis sie am Ende den Frieden verlieren. Auch die Gemeinde: wenn sie nicht Verfolgungen unterworfen ist, gibt sie sich meist mit den bequemsten Lösungen auf ihre Probleme zufrieden.

Die Gemeinde der drei ersten Jahrhunderte musste, während die Christen den Löwen zum Fraß vorgeworfen und in die Katakomben getrieben wurden, zur Einfachheit der apostolischen Zeit zurückkehren. Zudem verboten die römischen Behörden den Christen den Bau von Versammlungshäusern. Das Gleiche haben die Christen in China, in der Sowjetunion, in den meisten islamischen Ländern und die Hugenotten in Frankreich erfahren. Eine Gemeinde, die verboten worden ist, kann keine komplizierten Strukturen behalten, sondern sie wird genötigt, mit der größt denkbaren Einfachheit zu operieren. Die Gläubigen treffen sich (wenn sie können) in kleinen Gruppen; jeder Gläubige muss Verantwortung tragen; Teilnahme und Beteiligung aller, Aufrichtigkeit und gegenseitiges Vertrauen sind unerläßlich. Im Augenblick solcher Verfolgung muss die Gemeinde notgedrungen auf den Gedanken der Zelle zurückkommen, denn sonst kann sie nicht überleben.

Das ist der Grund, warum man immer wieder feststellt, dass die Gemeinde in der Verfolgung außerordentlich wächst. Das war der Fall während der zehn großen Verfolgungen im römischen Reich. Das erklärt die Vitalität der heutigen Gemeinde in China nach einer Generation grausamer Verfolgungen. Unter solchen Umständen kommen die Christen an das Ende ihrer Möglichkeiten und können sich nur noch auf Gott allein verlassen … und auf die Christen. Jeder Gläubige wird vor die Wahl gestellt, ob er Christus verleugnen oder das Kreuz wählen, alles verlieren und Christus behalten will. Dann kommen die echten Werte an den Tag. Man baut nicht mehr auf Unterstützung aus dem Ausland, auf die starke Organisation, auf die erhebende Stimmung großer Versammlungen, auf trügerische Erfahrungen, nicht einmal mehr auf den »Herrn Pastor«, weil er wahrscheinlich gar nicht mehr existiert. Die Christen lernen, während sie durch ihre Taufe des Leidens gehen, mit der Gegenwart des Herrn zu rechnen und sich persönlich und unmittelbar mit seinem Wort zu ernähren. Und siehe da: Er ernährt sie auf wunderbare Weise und erhält sie am Leben. Es wird ihnen wie damals das Manna in der Wüste Tag für Tag vom Himmel gegeben.

Es ist zu beklagen, dass Gott die Christen immer wieder durch Verfolgungen züchtigen muss, damit sie die Realität dieses Lebens der Zelle und des innigen Umgangs mit Christus erfahren, diese Einfachheit, wo sie vor seinem Angesicht den offenen Himmel suchen und Nahrung finden, indem sie sein Wort im Herzen verwahren. Dort, wo die Gemeinde in Freiheit lebt, hält sie sich lieber an einem beruhigenden organisatorischen Gerüst fest, das aber im Augenblick der Verfolgung unweigerlich einstürzt – wenn es nicht in den Händen der Verfolger zum Werkzeug wird, mit dem sie die Gläubigen überwachen und unterdrücken.

Ein Ruf zur Wirklichkeit

Man wird mich vielleicht fragen, ob diese Dinge denn so wichtig sind, wo wir doch heute im Westen alle Freiheiten genießen.

Handelt es sich nicht eher um eine akademische Frage, die wir besser auf sich beruhen lassen?

Darauf antworte ich, dass eine intelligente Person und eine wachsame Nation nicht wartet, bis es schlecht geht, bevor sie handelt. Wir müssen vorausdenken. Wenn »der böse Tag« nicht kommt, umso besser! Aber dieser Tag kam in Osteuropa, in Nordafrika, in China, im Iran, im Nahen Osten und in vielen anderen Ländern … Und das alles im Verlauf der vergangenen fünfzig Jahre.

Ich rufe das Volk Gottes auf, die Lehren unseres Meisters von heute an ernst zu nehmen, »ehe die Tage des Übels kommen« (Pred. 12,1), und zwar aus zwei Gründen:

Das wirksamste Werkzeug des Heiligen Geistes in Zeiten der Verfolgung

Die Gemeinde als Zelle ist bei weitem die beste und vielleicht die einzige Form, welche sie auf »den bösen Tag« vorbereiten kann und die sie befähigt, im Glutofen der totalen Verfolgung zu bestehen und weiter zu wirken. Nach der Zerschlagung unserer großartigen Organisationen bleiben uns nur noch Christus und sein Wort. Je mehr wir jetzt diese Realität ausleben, desto besser sind wir für die schwierigen Zeiten gerüstet.

Das Wichtigste ist, dass die Gläubigen es verstehen, jederzeit in der Gegenwart Christi zu leben. Das war es, das Daniel in der Löwengrube trug und auch seine drei jungen Freunde im Feuerofen: Christus war mit ihnen, denn sie lebten schon vorher in seiner Gegenwart.

Unser Herr selbst hat gesagt: »*Dann* werdet ihr gehasst werden von allen Nationen um meines Namens willen.« *Dann* … Wann ist das, wenn nicht in unseren Tagen?

Ich glaube an die Möglichkeit einer weltweiten Verfolgung, welche listiger, unerbittlicher, ausgeklügelter und grausamer sein wird als alle Verfolgungen der gesamten Kirchengeschichte seit den Zeiten der Apostel. Die Tatsache, dass die Nationen immer mehr zusammenrücken, dass sie immer enger in ein weltweites Netz der Abhängigkeiten eingebunden werden (man spricht vom Weltdorf), muss uns eine eine Warnung sein. Gleichzeitig erlaubt die heutige Technik eine schier unbegreifliche Überwachung des Einzelnen wie auch der verschiedenen Gruppen und Organisationen.

Wenn die Gemeinde auf die Verfolgung gefasst ist, wird sie jeder Art von Druck erfolgreich widerstehen können. Wenn sie sich aber weiterhin auf ihre finanziellen Mittel und wohlstrukturierten Organisationen verlässt, was wird sie dann tun, wenn ihr diese eines Tages genommen werden? Die Gemeinde, die bereits als Zelle funktioniert, welche bereits die Gemeinschaft des Heiligen Geistes auslebt, wird in der Endzeit auch unter unmöglichen Umständen nicht untergehen.

Wenn dann die Führer in den Gemeinden verhaftet werden, werden andere Brüder nachrücken. Wenn die Gemeinderäume geschlossen werden, wird die Gemeinde in kleinen Gruppen weiterbestehen. Wenn die finanziellen Mittel versiegen, werden die Gläubigen auch ohne Mittel weiterexistieren. Die Einfachheit und Schlichtheit Christi wird über die widerwärtigen Umstände siegen.

Es handelt sich keineswegs um eine bloß theoretische oder akademische Frage. Eine wirklich schwere internationale Krise kann von heute auf morgen eine Situation schaffen, unter der uns auch hier im Westen alle Freiheiten genommen werden. Ich hoffe, dass Gott uns noch etliche Jahre des Friedens und der Gewissensfreiheit gewährt, aber es wäre Torheit, vor den möglichen Gefahren die Augen zu verschließen.

Ein nicht mehr zu steuernder Rassismus oder Terrorismus würde unweigerlich zu weltweiter Überwachung und Unterdrückung der Freiheiten führen. In Krisenzeiten steigt aus dem Chaos und der Unsicherheit der starke Mann auf, der die Zügel in die Hand nimmt und die Massen nach seinem Willen lenkt. Alles, was von den Richtlinien des herrschenden Regimes abweicht, wird verdächtigt. Die Bibelgläubigen sind in allen Ländern der Welt eine kleine Minderheit, auch hier in Europa. Wenn die kollektive Psychose sich in so irrationaler Weise, wie das beim Antisemitismus der Fall ist, gegen uns wendet, dann werden wir unsere Freiheiten und Vorrechte in kürzester Zeit verlieren. Es ist nicht so lange her, dass man in Spanien einen jeden auf dem Scheiterhaufen verbrannte, der nicht zum römisch-katholischen System gehörte. Der tödliche Schatten Adolf Hitlers lässt die Leute, die damals lebten, noch immer erschaudern. Die Erinnerung an den Mai 1940 verfolgt mich noch immer.

Wenn heute Nacht ein Wahnsinniger eine Bombe in die Omar Moschee werfen sollte, dann würden wohl morgen die über eine Milliarde Muslime in der Welt einen »heiligen Krieg« gegen Israel erklären. Alle Großmächte müßten Stellung beziehen und würden in den Konflikt hineingezogen. Die ideologischen und rassistischen Spannungen könnten die Westmächte nötigen, ein System zentraler Überwachung einzurichten. Und wenn sich der Westen plötzlich der Ölquellen beraubt sähe, müsste es im Interesse des bloßen Überlebens zu den rigorosesten Maßnahmen greifen.

Und die Gemeinde, wie würde sie dann dastehen? Die falsche und die wahre? Wo stünden wir inmitten eines solchen furchtbaren Zusammenpralls? Vermöchten wir zu unterscheiden, zu reagieren, den Preis zu bezahlen und für den Christus zu leben, den wir heute als unseren Herrn bezeichnen?

Ach, Herr Jesus! Komm bald auf diese arme und ratlose Erde zurück! Komm und bring uns Frieden, komm und richte dein Reich auf! Aber während wir warten, erhalte uns wachsam und treu!

Wenn wir aber nicht gerüstet sind, wenn wir weder die Strategie Gottes noch die des Teufels kennen, wie sollten wir dann wirksam kämpfen können? Wenn wir nicht begreifen, dass die *ganze* Kraft der Gemeinde in der offenbaren Gegenwart des Herrn unter den Seinigen liegt – und zwar nicht als erhabene Theorie, sondern als eine brennende Wirklichkeit –, wo wollten wir dann die Kraft hernehmen, um dem Hass und der Lüge Satans zu widerstehen?

Wenn wir die grundlegende Lehre des Herrn über die Gemeinde nicht erfasst haben, wie sollten wir dann den schonungslosen Angriff der Mächte der Finsternis in einen Sieg für das Evangelium wenden? Dabei ist die Lehre des Herrn nicht kompliziert: Er verlangt von uns lediglich, dass wir mit seinem Geist erfüllt, durch sein Wort erleuchtet und von seiner Liebe durchdrungen sind, damit wir jeden Augenblick das Wunder seiner Gegenwart erfahren. Diese Gegenwart verwirklicht sich, wie wir gehört haben, durch die Einheit in der Vielfalt und diese haben wir, *mangels eines besseren Namens*, die geistliche Zelle genannt. Das Wesentliche an dieser Zelle ist die Gegenwart des Herrn Jesus in seiner ganzen Demut und Allmacht. Nicht einmal die Verfolgung und das Märtyrertum sind ein zu hoher Preis, um dieses Wunder zu erlangen.

Aber warum »den bösen Tag« abwarten, um dieses Wunder kennen zu lernen? Warum nicht mit aller Kraft Gott darum bitten, hier und jetzt seinen Herzenswunsch zu verwirklichen: unser Land und die ganze Welt mit »Zellen« zu erfüllen, die von der Gegenwart Christi durchdrungen sind?

Gottes wirksamstes Werkzeug der Erweckung

Aber es gibt einen zweiten Grund, der uns antreiben sollte, »die Meisteridee Jesu Christi«, die Gemeinde als »Zelle«, wiederzuentdecken: Die Zelle ist auch das denkbar beste Werkzeug in der Hand des Heiligen Geistes, um eine wahre geistliche Erweckung zu wirken und weiterzuführen.

Die großen Erweckungen der Vergangenheit sind mit der Zeit erstickt durch die kirchlichen Strukturen, die das freie Wirken des Heiligen Geistes eindämmten und das gesamte geistliche Potential der Gemeinde aufsogen.

Ich glaube an die Möglichkeit einer weltweiten geistlichen Erweckung, welche alles übersteigt, was die Kirche Jesu Christi im Verlauf ihrer gesamten Geschichte gekannt hat. Ich glaube daran, weil ich an Jesus Christus glaube, dessen Autorität unumschränkt und dessen Geist und Wort allmächtig sind. Gott ist nicht begrenzt, es sei denn durch die Sünde und den Unglauben seines Volkes.

Ich erwarte allerdings nicht, dass diese Sorte Erweckung von der Masse der profillosen und der Gegenwart Christi entblößten Christenheit, welche die Bibel nicht mehr ernst nimmt, ausgehen wird. Da mag man sich noch so begeistern und mag umstrukturieren, vereinen und organisieren bis zum Exzess … Solange die wahre Liebe zu Jesus Christus *und zu seinem Wort* nicht die *alleinige* Triebkraft der Gemeinde ist, wird das alles nur zu geistlichen Totgeburten führen.

Ich denke an die Veränderung, welcher die Kirche vom 4. Jahrhundert an unterlegen ist, als sie schließlich zu Macht und Ansehen kam, indem sie sich mit dem politischen »Tier«, dem Römischen Reich, verbündete. Die politische Macht hat aus ihr die beharrlichste Verfolgerin all derer gemacht, welche im Lauf der Jahrhunderte zum Evangelium zurückkehren wollten. Es ist gar nicht lange her, dass die Bibel in den meisten sogenannten christlichen Ländern verboten war!

Die geistliche Erneuerung der Gemeinde kann heute nicht anders geschehen als durch eine gründliche Rückkehr zur Bibel, der alleinigen Quelle des Evangeliums. Eine solche Gemeinde ist unzerstörbar: »Die Pforten des Hades werden sie nicht überwinden« (Mt. 16,18). Christus selbst sagt das. Aber diese Gemeinde findet sich meistens in Gefängnissen, in Drangsalen, in Unehre. Der Herr selbst kam in einer Krippe auf diese Welt; er verließ sie als ein an den Schandpfahl Geschlagener. Seine Braut, die wahre Gemeinde, kennt oft das gleiche Geschick.

Ich glaube, dass diese Gemeinde, sofern und solange als sie von ganzem Herzen am Wort Gottes hängt, Auslöser einer geistlichen Erweckung sein könnte, eines wahren Werkes des Heiligen Geistes, welches die Nationen erschüttern würde. Ich weiß, dass vor der *Wiederkunft* des Herrn die Nationen vollumfänglich evangelisiert werden, denn der Herr selbst hat das gesagt (Mt. 24,14; Mk. 13,10). In der großen Menschenmenge vor seinem himmlischen Thron werden Erlöste aus jedem Stamm und aus jeder Sprache sein (Off. 7,9). In der Zeit des Endes wird Gott sein Werkzeug haben, ein Volk, das würdig und gerüstet ist, um in der Verfolgung zu bestehen, ein Volk, das vom Abfall gereinigt ist und bis zum Ende ausharren wird. Durch dieses Volk wird der Geist Gottes die Absicht Gottes erfüllen und die ganze Welt mit der Wahrheit Christi bekannt machen. Die Nationen werden sich dann weltweit wegen der Kreuzigung seines Sohnes vor Gott verantworten müssen.

Ja, ich glaube an die Möglichkeit einer weltweiten geistlichen Erweckung in der letzten Zeit … aber zu was für einem Preis! Die Dornenkrone und die Krone der Herrlichkeit gehören zusammen.

Kapitel 5

Die sich selbst vermehrende Gemeinde
Die Anwendung der Lehren des Herrn durch die Apostel

Die Anfänge

In einem bestimmten Sinn ist die außergewöhnliche Ausbreitung der christlichen Gemeinde in der ersten Generation das größte Wunder der Geschichte. Schon vor dem Tod der Apostel war sie mitsamt dem Evangelium tief nach Europa, Asien und Afrika vorgedrungen. Ohne unsere technischen Möglichkeiten – sogar ohne Buchdruck – hatte sich das Evangelium trotz wachsender Verfolgung unwiderstehlich ausgebreitet.

Im Frühling des Jahres 57 schrieb der Apostel Paulus folgende Worte an die Christen in Rom: »Von Jerusalem an und ringsumher bis nach Illyrikum (das heutige Albanien) habe ich das Evangelium des Christus völlig verkündigt« (Röm. 15,19).

Dann fügt er hinzu: »Nun aber, da ich nicht mehr Raum habe in diesen Gegenden und großes Verlangen, zu euch zu kommen, seit vielen Jahren, falls ich nach Spanien reise ...« (V. 23).

Mit anderen Worten: Innerhalb von bloß 27 Jahren nach dem Tod und der Auferstehung des Herrn konnte Paulus sagen, dass die Länder vom Nahen Osten an bis zur Adria so weit evangelisiert waren, dass seine Gegenwart sich dort erübrigte. Er wollte sich freimachen, um die äußersten westlichen Enden der damaligen Welt zu erreichen. Er war damals etwa 45 Jahre alt.

Fügen wir noch hinzu, dass der Großteil dieser Arbeit (d. h. die »Sättigung« Kleinasiens, Mazedoniens und Griechenlands bis hinauf nach Illyrikum) von Paulus und seinen Mitarbeitern in gut zehn Jahren geleistet wurde. Seine erste Missionsreise fand im Jahre 47 statt.

Und Paulus spricht nicht von einer oberflächlichen Evangelisierung, sondern von einem Werk, das Tiefgang hatte. Er ließ ein ganzes Netz von jungen dynamischen Gemeinden zurück, von denen das Evangelium in alle Himmelsrichtungen ausstrahlte und aus denen immer neue Mitarbeiter aufstanden, die zum Teil in vielen Ländern wirkten.

Wie haben diese ersten Christen und insbesondere Paulus ein geistliches Wunderwerk von solcher Ausdehnung in so kurzer Zeit vollbringen können? Die Antwort ist einfach: Sie haben den Wert und die wirkliche Bedeutung der geistlichen Zelle verstanden. Sie haben die Lehren des Herrn Jesus über die Gemeinde in die Praxis umgesetzt. Daran liegt alles und damit ist alles gesagt.

Jerusalem, die Einheit in der Vielfalt

Eine einzige Gemeinde

Lassen wir unsere Blicke auf den Anfängen der Gemeinde ruhen. Für die ersten Christen in Jerusalem gab es nur eine einzige Gemeinde, da es auch nur einen einzigen Herrn und Retter gibt.

Jerusalem war damals eine eher bescheidene Stadt. Wenn die Straßen nicht verstopft waren, konnte man sie in gut 20 Minuten durchqueren.[108] Die Jünger konnten sich also ohne Schwierigkeiten oft treffen. Wir lesen, dass sie »täglich im Tempel verharrten« (Apg. 2,46). Die Juden hatten die Sitte, die neunte Stunde, das heißt 3 Uhr nachmittags, für das Gebet zu reservieren und alle, die es konnten, begaben sich dann in den Tempel oder in die Synagoge. Die ersten Christen haben sich als gute Juden an diese ausgezeichnete Gewohnheit gehalten, was ihnen erlaubte, die Einheit der ganzen Gemeinde aufrecht zu halten.

108 Ich habe es selbst gemacht im Jahre 1944.

Die Einheit durch das gemeinsame Gebet

Aus diesem Detail können wir eine grundlegende Lektion lernen. *Das gemeinsame Gebet* ist das Mittel, das den Christen erlaubt, die geistliche Einheit der Gemeinde zu verwirklichen und zu bewahren. Eine Ursache, warum die Gläubigen und Gemeinschaften unserer Tage nicht eins sind, ist die Vernachlässigung des gemeinsamen Gebets. Wenn man mit seinem Bruder oft betet, ist es unmöglich, ihn nicht zu lieben und ihm nicht zu vertrauen.

Wir können anhand dieses Abschnittes auch erkennen, dass *alle* – und nicht nur einige wenige – sich *täglich* im Tempel versammelten, um zu beten. Das ist ein Gedanke, den wir wirklich festhalten müssen. Natürlich ist es uns heute nicht möglich, uns täglich mit unseren Geschwistern zu treffen, denn die Distanzen sind meist zu groß und wir sind durch Arbeitszeiten gebunden, welche sich von den Zuständen im damaligen Israel unterscheiden. Daher wird uns diese Gewohnheit der Urgemeinde nicht in gesetzlicher Manier als verbindliche Norm aufgetragen. Aber es entspricht einem geistlichen Prinzip, das wir nicht übersehen dürfen, sondern wir müssen versuchen, es so weit wie nur möglich anzuwenden und mit allen Brüdern in Christus echte Gemeinschaft zu pflegen.

Für die ersten Jünger war die weltweite Gemeinde eine unbestrittene Realität. Es konnte nicht mehr als eine einzige Gemeinde geben. Sie waren eins, weil Gott *einer* und Christus nicht zerteilt ist. Und diese Einheit fand ihren Ausdruck in der Gemeinschaft des Geistes im Gebet.

Die Einheit schließt die Vielfalt nicht aus

Dieses Konzept der Einheit des Leibes Christi hat die ersten Christen in Jerusalem aber nicht daran gehindert, sich jeden Abend in kleinen Gruppen hin und her in den Häusern zu treffen. Das war der Ort, an dem sie das Brot brachen, um anschließend gemeinsam zu essen (Apg. 2,46). Auch hier sehen wir einen Grundsatz, den wir nicht in gesetzlicher Manier einfordern dürfen, da wir hierüber kein Gebot haben. Dennoch sollten wir dieses Bild nicht aus den Augen verlieren. Aus diesen kleinen, in Häusern gebildeten Gruppen können wachsende Gemeinden entstehen.

Die Einheit auf zwei Ebenen

Auf diese Weise hat die Urgemeinde zwei geistliche Prinzipien umgesetzt:

Erstens: *die unteilbare Einheit der Gemeinde*, eine Einheit, welche alle umfasst, die an Jesus Christus glauben und die durch häufiges Treffen aller Glieder aufrechterhalten bleibt, und zwar besonders, um gemeinsam zu beten.

Zweitens: *die Flexibilität* dieser Einheit, welche von Anfang an eine heilsame *Freiheit und Dezentralisierung* erlaubte. In jedem Stadtteil lernten die Gläubigen, sich in den verschiedenen Häusern zum Brotbrechen zu versammeln. Eine jede dieser Gruppen wurde so zu einem Herd geistlicher Integration, zu einer um Christus gescharten aktiven Gemeinschaft. In einem häuslichen Rahmen konnten alle sich frei beteiligen, alle geistlichen Gaben konnten sich entfalten, ein jeder spürte seine Verantwortung, zur Gemeinschaft beizutragen. Das trieb zu schnellem geistlichem und zahlenmäßigem Wachstum an. In einer solchen Gruppe erhielt ein Johannes Markus als junger Mann den Ruf, Paulus und Barnabas auf ihrer Missionsreise zu begleiten, Paulus im Gefängnis zu besuchen und schließlich sein Evangelium zu schreiben.[109]

Die unausbleibliche Gegenwart des Herrn

Das Wichtige, das wirklich *Wesentliche* in diesen beiden Kreisen geistlicher Aktivität war *die vom Herrn zugesagte Gegenwart* unter den Seinigen. Ob es sich um Zusammenkünfte der Gesamtgemeinde oder um Hauskreise handelte, *Christus war gegenwärtig*,

109 Apg. 12,12; 13,5; 2. Tim. 4,11

er, der Lebendige, war unter ihnen. Die Einheit war so echt und so tief, dass alle, die Apostel eingeschlossen, mit dem Wirken des Heiligen Geistes für das Funktionieren aller Dienste und Aufgaben rechneten. Niemand beanspruchte ein Monopol, niemand misstraute den anderen.

Der heilige Text gibt uns keinen Hinweis, dass in der ersten Zeit auch die geringste Art der sichtbaren Organisation existiert hätte. Christus selbst ist das Zentrum seiner Gemeinde; seine Gegenwart, ja, er selbst, ist der Gegenstand aller Zuneigungen, der die Seinen zu ihm zieht, wo, wann und unter welchen Umständen die Gläubigen sich auch versammeln mögen. Der Apostel Paulus sagt uns: »*Wo der Geist des Herrn ist, da ist Freiheit*« (2. Kor. 3,17). In der Urgemeinde kannte und lebte man diese Freiheit.

Die Früchte dieser ersten Gemeinde

Unter den Gliedern dieser ersten Gemeinde in Jerusalem fanden sich Barnabas, Silas, Philippus, Stephanus und zweifelsohne eine Menge anderer junger Männer Gottes, die später zur Ausbreitung des Evangeliums bis an die Enden der Erde beitrugen. Paulus selbst wurde auf seinen großen Missionsreisen zuerst von Barnabas begleitet, dann von Silas. Beide waren von den Zwölfen geschult worden und hatten von Anbeginn dieses geistliche Klima gekannt, diese Einheit, diese Freiheit, diesen Glauben, dieses Bewusstsein der Gegenwart Christi unter den Seinigen. Das Konzept, das der Apostel Paulus vom Werk Gottes hatte, war nicht eine persönliche Neuoffenbarung seinerseits – wiewohl ihm viele wichtige neue Elemente geoffenbart wurden. Nein, es war direkt von den Lehren Jesu inspiriert, so wie die zwölf Apostel sie überliefert hatten. Paulus lag sehr viel daran, später nach Jerusalem hinaufzugehen, eigens um sich mit den Aposteln in dieser Sache zu verständigen (Gal. 2.1.2.6.9). Die Apostelgeschichte und die Briefe des Apostels Paulus sind eine geradezu umwerfende Offenbarung des geistlichen Potentials, das in den Lehren des Herrn liegt, wenn sie von Menschen, die von seinem Wort durchdrungen und von seinem Geist erfüllt sind, treu umgesetzt werden.

Antiochien:
Auch hier die Einheit in der Vielfalt

Die Einheit der Gemeinde erhielt sich, auch während sie sich von Stadt zu Stadt und Land zu Land ausbreitete. Das wird in Apostelgeschichte 8 deutlich: Bevor der Heilige Geist in Samarien wirkte, musste diese Einheit sowohl von den Aposteln als auch von den Neubekehrten in Samarien anerkannt werden. Das geschah durch die Handauflegung – ein Zeichen der Identifikation – der aus Jerusalem angereisten Apostel. Es wäre unvorstellbar gewesen, dass das Haupt der Gemeinde, Christus, zwei Leiber gehabt hätte, die voneinander geschieden gewesen wären und deren Glieder nicht miteinander geredet hätten![110] In Apostelgeschichte 10 und 11 sehen wir, wie der Heilige Geist den Aposteln zuvorkam, indem er an Christus gläubige Heiden in organischer Weise mit dem gleichen Christus verband. Das gleiche Prinzip wird in der Episode von Apostelgeschichte 19 deutlich, wo der Heilige Geist die Existenz einer »Gemeinde Johannes des Täufers« nicht zuließ. Auch dort war ein Akt der Identifikation durch die Handauflegung des Apostels Paulus nötig. Alle Rassen, alle Gesellschaftsschichten vereinen sich in Christus und bilden eine organische Einheit, die einzig mögliche Einheit, die Einheit der Dreieinigkeit, die sich in ihrer Vielfalt auf der Erde reproduziert. Der Skandal unserer unzähligen Denominationen wäre den ersten Christen unbegreiflich gewesen.

Es ist unmöglich, die ungeheure Wirksamkeit der Apostel in ihrer Zeit zu leugnen. Aber wir müssen die Tatsache anerkennen, dass ihr spektakulärer Erfolg auf der Treue beruhte, mit der sie die Lehren ihres Meisters bewahrten und umsetzten. Es war die Einfachheit und die Reinheit ihrer Auffassung von Gemeinde, welche allein die geistliche Dynamik und die Unwiderstehlichkeit ihres Wirkens erklären.

Rufen wir uns auch die Tatsache in Erinnerung, dass der größte Teil dieser Arbeit durch »gewöhnliche«, man könnte fast sagen

»anonyme« Christen geleistet wurde. Sie verkündeten ganz schlicht ihren Glauben an allen Orten, wohin ihr Beruf oder die Verfolgung sie verschlagen hatte. Das sieht man nirgends so deutlich wie in der Entstehung der Gemeinde von Antiochien in Syrien, welche das kraftvollste Missionszentrum der Urgemeinde wurde. Wir beobachten dort genau dieses Phänomen der »anonymen« Evangelisation durch Leute, welche kurz nach der Steinigung des Stephanus aus Jerusalem vertrieben worden waren (Apg. 8,1.5.26-40; 9,31.32.35.42; 10,23.24.27; 11,19-21).

Die göttliche Einheit in einer menschlichen Vielfalt

Die Situation in Jerusalem war eine besondere, denn die dortige Gemeinde lebte in einem rein jüdischen Umfeld. Der Alltag verlief nach einem kulturellen Muster, das allen gemeinsam war. Die Gewohnheit, sich täglich im Tempel zu versammeln, war nur wegen des gemeinsamen jüdischen Kultur möglich.

Die Lage in Antiochien war ganz anders. Dort entstand die Gemeinde inmitten eines heidnischen Umfeldes in einer extrem kosmopolitischen Stadt. Das Wunder der geistlichen Einheit in Antiochien ist umso größer, als sich dort Juden und Heiden, nachdem sie Jünger Christi geworden waren, in einer einzigen Gemeinde zusammenfanden, obwohl sie kulturell enorm verschieden waren. Bis Juden die Griechen und andere Heiden als Brüder annahmen und sogar mit ihnen aßen, bedurfte es eines außergewöhnlichen Eingreifens Gottes.

Einzig die Lehren Jesu Christi, einzig sein Gedanke von der Zelle und vom Leib können die Verwirklichung dieses Wunders der Einheit in der Vielfalt erklären. Es ist ein Wunder des Heiligen Geistes: Christus in der Mitte.

Die Vision des Paulus

Um die Vision des Paulus, seine Ziele und seine Methode zu verstehen, müssen wir uns zuerst mit dem Hintergrund seiner Berufung und den Jahren seiner Heranbildung befassen. Wir tun das zwar nur in knappen Zügen, denn wenn wir uns mit dem Leben des Völkerapostels gründlich auseinandersetzen wollten, müssten wir einen sehr dicken Band bewältigen. Hier aber wollen wir uns nur auf das Geheimnis seines Erfolgs als Missionar konzentrieren.

Alles begann für Paulus mit einer Vision des Herrn Jesus in Person. Ich glaube, dass jeder, der ein mächtiges Werk für den Herrn tun will, eine ähnliche Begegnung braucht. Ich meine damit nicht ein sichtbares Licht und eine hörbare Stimme, wohl aber eine solche Offenbarung des Herrn, die uns vor ihm in den Staub wirft, uns erschüttert, uns blendet und unsere Sicht der Dinge, unsere Wünsche und unsere Lebensrichtung radikal verändert. Es war die Begegnung mit dem Herrn von Angesicht zu Angesicht, die Paulus zu seinem Werk und Wirken antrieb. Ein Zeuge kann nur von einer Sache ehrlich Zeugnis ablegen, die er *gesehen* und *gehört* hat. Ein Mensch kann nur überzeugend vom Herrn zeugen in dem Maß, wie er ihn kennt und ihn gesehen und gehört hat. Paulus hatte nicht das Vorrecht der Zwölfe gehabt, in den Tagen seines Fleisches mit dem Herrn zusammenzusein und daher konnte er in der Verwaltung Gottes auch nicht ihren Platz einnehmen. Er musste aber – wie jeder wahre Diener Gottes – als Zeuge Christi seinen Herrn persönlich und in aller Tiefe kennen. Überall, wo Paulus später wirkte, konnte er reden aus persönlicher Kenntnis Christi, den er von Angesicht zu Angesicht gesehen hatte und der ihm zum Lebensinhalt worden war.

Das ist, lieber Bruder, auch dein größtes Bedürfnis. Wir können nicht geben, was wir nicht besitzen. Wir können keine Erkenntnis vermitteln, die wir nicht selbst haben. Eine theoretische Kenntnis der Dinge Gottes ist sicher nützlich (wiewohl nicht ungefährlich), aber sie kann niemals die gleiche Überzeugungskraft haben wie eine gelebte Begegnung mit dem Herrn. Ohne diese ist unsere Botschaft lediglich ein Hörensagen, eine anfechtbare Theorie.

Paulus hatte seine theologischen Lehrjahre zu Füßen Gamaliels verbracht. Du hast vielleicht ebenso theologische Studien hinter dir. Ich will deren Werk nicht schmälern, sofern deine Lehrer wenigstens bibelgläubige Männer waren. Aber das ist keine

Qualifikation für einen Dienst von geistlicher Durchschlagskraft. Ein solcher entspringt ausschließlich einer innigen Beziehung mit dem Sohn des Allerhöchsten. Das ist es, was Paulus zu allererst entdecken musste.

Die Heranbildung des Paulus

Von seiner Taufe an fügt sich Paulus in die Gemeinde in Damaskus ein, wo er offen Zeugnis gibt. Er hat sogleich die Wichtigkeit und den Wert der Gemeinschaft der Heiligen begriffen. Indem er sich von Ananias die Hände auflegen ließ, hat er sich mit der Gemeinde, die er so heftig verfolgt hatte, identifiziert. Er verband sich völlig mit dem Leib Christi; er war kein Solochrist, sondern er lebte Christus mit denen, die Christus gehörten. Er musste von seinen Brüdern alles lernen, was sie von Jesus wussten, von seinem Leben, seinen Worten, seiner Macht, seinem Tod und seiner Auferstehung.

Gott war mit Paulus aber noch lange nicht fertig. Sein Leben war bedroht; die Brüder in Damaskus verhalfen Paulus zur Flucht und er ging allein in die Wüste Arabiens, vielleicht sogar bis zum Berg Sinai. Dort in der Einsamkeit hat er vielleicht zwei Jahre lang das Angesicht Gottes gesucht, die Heiligen Schriften des Alten Testaments durchforscht und all das, wie ich mir denke, auswendig gelernt, was er über Jesus wusste. Zudem hat er die messianischen Weissagungen genau untersucht und von ihnen ausgehend eine regelrechte Theologie des Neuen Bundes aufgebaut. Das war seine Bibelschule!

In der Wüste steht der Mensch beständig zwischen Leben und Tod. Die »Welt« existiert nicht mehr, sie ist jenseits des Horizonts. Nichts mehr zählt außer absoluten Realitäten. Der Luxus wird undenkbar und absurd, man ist auf das Allerwesentlichste zurückgeworfen. In der Wüste ist der Mensch sich selbst, dem Tod, der Ewigkeit, den Mächten der Finsternis und dem ewigen Gott gegenübergestellt.

Paulus dachte zweifelsohne an seinen Meister, der vierzig Tage und Nächte in der Wüste verbracht hatte, ehe er seinen öffentlichen Dienst antrat. Er dachte sicher auch an Mose, der während vierzig Jahren in der Wüste leben musste, bevor er eine Begegnung mit Gott hatte von Angesicht zu Angesicht, eine Begegnung, die ihn befähigte, mit dem Wort des Allmächtigen im Herzen und im Mund vor dem schrecklichsten Gewaltherrscher seiner Zeit aufzutreten. Wie alle großen Propheten, wie Elia auf dem gleichen Berg Horeb, hat Paulus erkannt, dass seine Botschaft und sein Leben allein auf Gott gegründet sein müssen.

Von der Wüste zurückgekehrt, ist Paulus nach Jerusalem hinaufgereist, wo er sich wiederum der Gemeinde anschließen wollte – nur hatten die Gläubigen solche Scheu vor ihm, dass Barnabas für ihn vermitteln musste. Dann ist Paulus fünfzehn Tage bei Petrus geblieben, wo er erneut viel gelernt haben muss. Aber bald war sein Leben wieder in Gefahr und die Brüder mussten ihn nach Tarsus, seinen Geburtsort, schicken, wo er einige Jahre verblieb. Wir lesen später, dass es etliche Gemeinden in Kilikien gab, wo Tarsus der Hauptort war. Deren Entstehung muss zum Teil wenigstens auf die Arbeit des Paulus zurückgegangen sein.

Paulus, der Lehrer, ein schon zurechtgeschliffener Mann

In der Zwischenzeit war die Arbeit in Antiochien schon so stark gewachsen, dass die Schulung der jungen Christen von größter Wichtigkeit geworden war. Daher ging Barnabas, der schon von Jerusalem nach Antiochien umgezogen war, seinen Freund Paulus aufsuchen, um ihn für die Gruppe von Lehrern der Gemeinde in Antiochien zu gewinnen. Paulus ließ sich in diese Mannschaft einfügen und während eines ganzen Jahres erwies er sich als ein tüchtiger Mitarbeiter. Mit seiner großen Bibelkenntnis, seiner tiefen geistlichen Erfahrung und dem *Savoir-faire*, das er sich in der Gemeindegründungsarbeit in Kilikien angeeignet hatte, erwies sich seine Gegenwart in Antiochien als äußerst hilfreich. Das Bemerkenswerte ist, dass sich Paulus trotz seiner starken Persönlichkeit in die Gemeinde eingliedern und in einem Team mitarbeiten konnte.

Der Ruf in entfernte Regionen

Von dort hat sich Paulus ein viel weiterer Wirkungskreis geöffnet. Von seinem Geburtsort Tarsus aus hatte Paulus täglich das

Taurusgebirge vor Augen gehabt, das sich wie ein Riegel zwischen den Küstenstreifen und das Hochplateau des Inneren Kleinasiens schob. Er wusste, dass dort zahlreiche Völker lebten, die immer noch nichts vom Evangelium Jesu Christi gehört hatten. Ich stelle mir vor, dass sein Herz während seiner Arbeit in Antiochien immer stärker zu jenen jungfräulichen Regionen gezogen wurde. Er teilte zweifelsohne diese Last seinem engen Freund Barnabas und den übrigen Verantwortlichen der Gemeinde mit, bis eines Tages in einer ihrer Gebetstreffen der Heilige Geist der gesamten Ältestenschaft die Überzeugung aufs Herz legte, dass Gott Paulus und Barnabas »in die Mission« rief (Apg. 13,2.3).

Hier sehen wir ein neues grundlegendes geistliches Prinzip: Es ist nicht die Gemeinde, welche Missionare aussendet, denn der Ruf kommt direkt von Gott. Die Gemeinde anerkennt lediglich die Echtheit des Rufes und unterstützt ihn. Unter Gebet und Fasten identifizieren sich die Verantwortlichen mit den Berufenen, indem sie zum Zeichen dafür ihnen die Hände auflegen. So zeigen sie sich mit ihnen geistlich verbunden, als wollten sie sagen: »Bruder Paulus, Bruder Barnabas, wir stehen durch den Heiligen Geist wie ein Mann hinter euch!« Dann lesen wir: »Sie entließen sie« (Apg. 13,3).

Die Beziehung zwischen der örtlichen Gemeinde und dem Missionar

Hier ist noch ein sehr wichtiges geistliches Prinzip: Es heißt nicht, dass die Gemeinde die Brüder Paulus und Barnabas »ausgesandt« habe, sondern im Gegenteil, dass *sie sie ziehen ließen*. Der griechische Urtext sagt wörtlich: »Dann, indem sie fasteten und beteten und ihnen die Hände auflegten, entließen[111] sie (sie).« Es handelte sich also keineswegs um eine »Autorisierung«, als ob die Gemeinde in Antiochien ihnen die Erlaubnis erteilt hätte. Es handelte sich auch nicht um eine »Aussendung«, als ob Paulus und Barnabas Angestellte oder Funktionäre im Sold der Gemein-

---

111 Das griechische Verb lautet apolyo.

de von Antiochien gewesen wären. Der Ruf ist vom Heiligen Geist ausgegangen und die Gemeinde hat sich dem souveränen Willen Gottes gebeugt. So lesen wir denn buchstäblich, dass Paulus und Barnabas »ausgesandt (waren) vom Heiligen Geist« (Apg. 13,4) und nicht von der Gemeinde. Indem die Verantwortlichen der Gemeinde in Antiochien die beiden von ihren örtlichen Pflichten entbanden, zeigten sie, dass sie ihre moralische Verantwortung anerkannten, die Missionare in ihrer Berufung auf jede Weise zu unterstützen.

Das wird noch deutlicher im Kapitel 14, Vers 26, wo wir lesen, dass Paulus und Barnabas bei ihrer Rückkehr von der Missionsreise »nach Antiochien (absegelten), von wo sie der Gnade Gottes *befohlen worden waren*«. Statt »befohlen« könnte man auch »übergeben«, »überliefern« sagen. Es ist das gleiche Verb *paradidomai*, das auch für den Verrat des Judas verwendet wird. Die Gemeinde hat Paulus und Barnabas nicht »bevollmächtigt«, sie hat sie ganz schlicht der Gnade Gottes übergeben.

Es ist letztlich der Herr Jesus, der seine Apostel aussendet. Die Gemeinde bestätigt und stützt lediglich das göttliche Handeln.

Das Prinzip des apostolischen Teams

Und nun folgt noch ein fundamentales Prinzip, das sich vom Text herleiten lässt, das aber auch den Lehren entspringt, die der Herr in Matthäus 10 bei der Aussendung der Zwölf gab. *Es ist das Prinzip der apostolischen Mannschaft.*

Es handelt sich in Wirklichkeit um eine neue geistliche *Einheit*, jene der eigenständigen Equipe. Wir haben uns bereits Gedanken gemacht über die Einheit der weltweiten Gemeinde, des Leibes Christi und der örtlichen Gemeinde, der Zelle. Und hier sehen wir nun, dass es einen dritten Aspekt gibt von dieser geistlichen Einheit, von der die handgreifliche Gegenwart Christi auf der Erde abhängt.

Der Herr hatte zu seinen Lebzeiten gezeigt, auf welche Weise er sich die Verkündigung seiner Botschaft an die Welt gedacht hat:

durch Evangelisationsteams. Paulus hat dieses Prinzip sehr gut verstanden, und das ist das Geheimnis seines Erfolgs.

Er hatte bereits die Einheit der weltweiten Gemeinde ausgelebt; er hatte gleichzeitig auch die Einheit der örtlichen Gemeinde gelebt. Er kannte von Grund auf das Prinzip der Zelle, jenes unverzichtbaren Prinzips der gegenseitigen Abhängigkeit der Christen voneinander, jener komplexen Einheit, welche von der Gegenwart Christi durchdrungen ist.

Das apostolische Team: eine Schöpfung Gottes

Jetzt löste der Geist Gottes zwei der besten Glieder der örtlichen Gemeinde in Antiochien, um eine neue Zelle zu bilden, die noch immer durch den gleichen Geist des Lebens mit der großen Zelle verbunden war. Nun ließ sie diese hinter sich, indem sie von den örtlichen Gebundenheiten gelöst wurde, um vollständig mobil und damit *eigenständig* oder, wenn man will, autonom zu werden.

Der Geist Gottes hat damit ein weiteres Wunder vollbracht: *er hat ein apostolisches Team geschmiedet*, eine Zelle, so frei wie der Wind, die Gott hintragen konnte, wo er wollte, besonders in Gegenden, wo Christus noch nicht bekannt war und wo er eine neue Gemeinde gründen wollte.

»Wunder?«, fragst du, »ist es wirklich ein Wunder, wenn zwei Männer sich zusammenschließen, um eine Arbeit gemeinsam zu tun?«

Dass zwei oder drei Leute ein Team bilden, das ist noch kein Wunder. Aber dass Christus jeden Augenblick unter ihnen ist, das ist ein Wunder. Diese Gegenwart kann sich nicht in einer Gemeinschaft offenbaren, in der Spannungen, Persönlichkeitskonflikte, Gezerre um Recht und Rang und Meinungsverschiedenheiten herrschen. Auch nicht in einer Gruppe, welche sich auf ihre eigenen Kenntnisse oder auf ihre Entschlossenheit verlässt, ohne die Motivation und die Herzensgemeinschaft zu kennen, die der Heilige Geist direkt eingibt.

Als Jesus zuerst die Zwölf und dann die Siebzig zu je Zweien aussandte, hatte er sie ausgesucht und einander zugeordnet. Er selbst fügte sie als Mannschaft zusammen; sie ergaben sich nicht von selbst. Allein der Geist Gottes kann eine Mannschaft schmieden, die wahrhaftig apostolisch ist. Das sieht man sehr gut in der Erfahrung des Paulus, denn als sie von Antiochien abreisten, war ein Dritter dabei, Johannes Markus, ein Verwandter des Barnabas. Aber die verwandtschaftlichen Bande erwiesen sich in den bald einsetzenden Prüfungen als nicht stark genug. Wir lesen ein wenig später: »Johannes aber sonderte sich von ihnen ab und kehrte nach Jerusalem zurück« (Apg. 13,13). Er war damals noch nicht reif genug, um die Belastungen eines solchen Unterfangens zu tragen. Vielleicht war es sentimentale Zuneigung gewesen, die Barnabas zu seiner Wahl gedrängt hatte; Paulus aber hatte in seinem Team keinen Platz für schwache Leute: er weigerte sich beim zweiten Mal, Johannes Markus wieder mitzunehmen (Apg. 15,36-40). Er konnte nur Leute brauchen, die bereit waren, Hunger, Durst, Gefängnisse, Auspeitschungen, Steinigungen und bei jedem Schritt den unversöhnlichen Widerstand der Mächte der Finsternis zu erdulden, also Leute, die fähig waren, im Namen Jesu Christi dem Teufel auf seinem eigenen Terrain entgegenzutreten.

Das apostolische Team ist nicht eine starre Struktur

Paulus musste auch lernen, dass er eine bereits eingespielte Mannschaft nicht wieder zusammenstellen konnte. Er wollte ein zweites Mal mit Barnabas aufbrechen, aber das ging nicht. Barnabas wollte sich nicht von seinem jungen Neffen Markus trennen und so hat er sich von Paulus getrennt und ist in seine Heimat nach Zypern gereist und nahm Markus mit sich. Wir können Barnabas nicht die größere Schuld an diesem Zerwürfnis mit Paulus geben, denn Gott hat das Handeln beider gerechtfertigt. Dank dem Glauben und der Geduld des Barnabas ist Markus schließlich ein Mann Gottes geworden, den sogar Paulus schätzte.[112] Und wie arm wären wir ohne das Markusevangelium!

112 2. Tim. 4,11

Die Erklärung liegt darin, dass der Heilige Geist dieses zweite Mal eine andere Absicht mit diesen beiden Glaubenshelden hatte. Gott hatte Paulus einen anderen Reisegefährten gegeben in der Person des Silas, der ebenfalls aus der Jerusalemer Gemeinde stammte (Apg. 15,22) und mit dem er das Evangelium bis nach Europa trug. So hat Gott dem Paulus beigebracht, dass allein der Heilige Geist ein wahres apostolisches Team schaffen kann. Es handelt sich jedesmal um ein Werk Gottes, um ein geistliches Wunder.

Das stellt einen tragischen Kontrast zu vielen heutigen Erfahrungen dar, wo man Missionsmannschaften trifft, deren Mitglieder gar nicht wirkungsvoll zusammenarbeiten, ja, nicht einmal zu diesem Werk berufen sind. Ich habe in bestimmten Ländern Missionsstationen und Missionswerke kennen gelernt, die von Spannungen und gegenseitigen Verleumdungen bestimmt waren. Allein der Geist Gottes vermag jene geistliche Zelle zu schaffen, die jedes wahrhaft apostolische Team sein müsste. Dabei ist aber Gott allezeit auf der Suche nach Männern und Frauen, die er für ein mächtiges Werk verwenden kann.

Das Team: die tragbare Hütte der Schekina

Ja, tatsächlich! Was die wahre apostolische Mannschaft ausmacht, das ist die unbestreitbare Gegenwart Jesu Christi in ihrer Mitte. Wie die Wolke Gottes das Volk Israel überall führte und begleitete, so wandelt Jesus, der Herr, inmitten und mit seiner Mannschaft. Wenn Paulus und Barnabas bei Einbruch der Nacht an einen Ort kamen, kam Jesus Christus in jene Stadt. In der Herberge, beim Abendessen, um Mitternacht unter den Sternen, nach Sonnenaufgang auf dem Markt, bei jedem Gespräch und durch jede Predigt in jeder Gasse hörten die Menschen nicht allein Paulus und Barnabas, sie hörten nicht lediglich ihre Stimmen, sondern sie begegneten Christus, sie hörten die Stimme seines Geistes, der von ihm Zeugnis gab und der durch die Worte, den Gesichtsausdruck, die Leiden, den Mut und den leuchtenden Glauben seiner Boten sprach. Die Leute standen nicht allein vor zwei Fremdlingen, sondern vor einer göttlichen Gegenwart, die sich ihnen aufdrängte. Die Leute sahen im gegenseitigen Umgang des Paulus und seiner Mitarbeiter etwas, das nicht von dieser Welt war. Durch ihr Auftreten, ihre außergewöhnliche Liebe, das Leuchten in ihren Augen, ihr Gebetsleben sahen sie sich einer geistlichen Wirklichkeit gegenüber, die ihnen ganz unbekannt war. Es war etwas Umwerfendes. Die einen wurden in die Knie getrieben und sie taten unter Tränen Buße und glaubten an den Herrn, die andern wurden zu Hass auf diesen gleichen Christus angereizt, der gekommen war, um die dämonischen Mächte zu erschüttern, denen sie von jeher gedient hatten. Christus griff in die Machtverhältnisse ihres Gebietes ein und der Teufel stachelte den Zorn der Menschenmenge an, der die Apostel ins Gefängnis beförderte.

Und in der Zwischenzeit wird eine Gemeinde geboren! Gott hat ein Licht inmitten der Finsternis angezündet und Paulus und Barnabas ziehen, nachdem sie von den Ketten befreit worden sind, in die nächste Stadt weiter und der gleiche Prozess wird dort weitergeführt.

Kurz und gut, das apostolische Team ist eine kleine »tragbare« Gemeinde. Es genügt dem Herrn Jesus, dass er zwei oder drei Gläubige hat, die in ihm vereint sind, damit seine Gegenwart sich unter ihnen offenbaren kann. Die Mannschaft ist eine vollständige und homogene Zelle. Wenn sie sich von der örtlichen Gemeinde löst, um unabhängig zu funktionieren, behält sie die gleichen geistlichen Qualitäten bei, welche jene Gemeinde charakterisiert. Wenn sie eine neue Gemeinde auf Neuland gründet, teilt sie ihr diese gleichen Qualitäten mit. So wie die Mannschaft eine Zelle ist, wird auch die durch sie neugeborene Gemeinde eine Zelle, das heißt, eine göttliche Einheit in der menschlichen Vielfalt, in der sich die Gegenwart Christi manifestiert.

Christ sein wie Paulus

Die Gemeinden, die Paulus gründete, glichen dem Team in der gleiche Weise, wie ein Kind seinen Eltern gleicht. Sie kannten eine enge geistliche Verbundenheit untereinander; sie hatten wie

Paulus und Barnabas, Silas und die anderen Angehörigen seines Teams eine Schau für die Evangelisierung der Welt. Wie Paulus akzeptierten sie die Verfolgung als etwas Normales. Sie opferten ihre Zeit, ihr Geld und ihre Leute der Verbreitung des Evangeliums.

Kurz, für die Angehörigen dieser jungen Gemeinden bedeutete *Christ sein, wie Paulus sein.* Es bedeutete zu leben, zu glauben, zu leiden, zu überwinden und zu lieben wie Paulus und seine Mitarbeiter. Sie hatten nie eine andere Form des Christseins gesehen. Ein lauer, weltlicher, angepasster Glaube war ihnen unvorstellbar. Als sie das Evangelium aufnahmen, nahmen sie Christus in seiner Totalität an: die Gemeinschaft seiner Leiden, die Schmach des Kreuzes und gleichzeitig die Herrlichkeit und die Macht der Auferstehung, die Gewissheit seiner Wiederkunft und die Realität samt der unaussprechlichen Freude seiner täglich erlebten Gegenwart ... Ist es verwunderlich, dass diese Gemeinden nach der Weiterreise der Apostel sogleich fortfuhren, wo diese aufgehört hatten, und anfingen, die ganze Region zu evangelisieren? Ist es verwunderlich, dass aus diesen Gemeinden junge Leute aufstanden, die bereit waren, mit Paulus zu gehen, mit ihm zu leiden und von ihm alles zu lernen, was sie nur lernen konnten?

Ich denke an den jungen Timotheus, der sich in Lystra bekehrte, wo man Paulus gesteinigt, vor die Stadt geschleppt und als tot liegen gelassen hatte. Anstatt sich von dieser Erfahrung einschüchtern zu lassen, war er bereit, mit Paulus zu gehen, als dieser einige Jahre später wieder nach Lystra kam. Ich habe in der Apostelgeschichte und in den Lehrbriefen die Namen von 19 Männern (die Frauen nicht gezählt) gefunden, welche zu verschiedenen Zeiten zum Team des Paulus gehörten. Alle jene waren (mit Ausnahme von Barnabas, Silas und Johannes Markus) durch das Team des Apostels Paulus zum Glauben gekommen. Er erntete in den Gemeinden, die er gegründet hatte, die Kräfte für seine spätere Mannschaft. Seine Mannschaft wurde beständig durch Jungbekehrte erneuert, welche von Anbeginn die gleiche Schau der Mission, des Kreuzes und der Kraft der Auferstehung hatten. Als Paulus beispielsweise im Jahre 57 von Griechenland nach Kleinasien zurückkam, war er von einer Schar junger Männer umgeben, zu denen auch Lukas zählte (Apg. 20,4.5).

Das apostolische Team: eine Schule

Man stelle sich einen Augenblick Timotheus vor Augen: er hatte den geschundenen Leib des in Lystra gesteinigten Apostels gesehen und doch schließt er sich ihm und Silas an und reist mit ihnen weiter. Zusammen durchziehen sie Kleinasien bis nach Troas an der Ägäis. Er beteiligt sich an der Gründung der dortigen Gemeinde (und aller übrigen Gemeinden unterwegs) und an der Bekehrung des Lukas. Er kommt mit ihnen in Europa an, erlebt zusammen mit ihnen *innerhalb weniger Wochen* die Gründung der Gemeinden in Philippi und Thessalonich. Er begleitet Paulus bis nach Beröa, wo er mit Silas und Lukas zurückbleibt, um das in der Gegend frisch gegründete Werk zu befestigen. Später stößt er in Korinth wieder zu Paulus, wo er ihm während etwa eines Jahres zur Seite steht und zusehen kann, wie das Evangelium in ganz Achaia Fuß fasst.

Während jener Zeit hört Timotheus unzählige Predigten des Paulus und saugt seine Lehren über ein weites Spektrum biblischer Themen auf. Er lernt von seiner Art zu argumentieren und die Heilige Schrift zu gebrauchen. Zusammen mit ihm erlebt er Aufstände, Verfolgungen, Entbehrungen, Gebetsnächte; er dringt ein in das innere Geheimnis des geistlichen Lebens des Apostels, ergreift bis zu einem gewissen Grad dessen Schau von Christus und dessen unstillbares Verlangen, in der Erkenntnis Christi zu wachsen. Er lernt, mit dem Geist Gottes zu rechnen, um das Unwahrscheinliche, ja, sogar das Unmögliche zu tun. Er erreicht endlich eine geistliche Reife, die aus ihm einen Mann Gottes macht, der fähig ist, selbst Gemeinden zu gründen und heranzubilden – wie Epaphras, der offensichtlich die Gemeinden in Kolossä und vielleicht auch in Laodizäa gegründet hat, ohne dass Paulus selbst je seinen Fuß dorthin gesetzt hätte.[113]

---

113 Kol. 1,7; 2,1; 4,12.13

Kurz und gut: Die Mannschaft des Paulus war nicht allein ein Werkzeug der Evangelisation, sondern auch eine Schule: eine Bibelschule; ja, die aber die jungen Männer vor Ort schulte und sie vom ersten Tag mitten ins Handgemenge stieß, eine Schule, die sie den Gehorsam gegenüber Gottes Wort lehrte durch die Dinge, die sie täglich litten, so wie es bei Christus selbst der Fall gewesen war. Jesus mit seinen Zwölfen, Mose mit seinem Josua, Elia mit seinem Elisa, Jeremia mit seinem Baruch, Gideon mit seinen 300 und David mit seinen dreißig Häuptern … Paulus wendete dieses Prinzip der Mannschaft auf die Evangelisation an. Das Team, das zugleich eine Zelle ist, gebiert Gemeinden, die zugleich Zellen sind, welche wiederum alle Elemente bereitstellen, damit neue Teams geboren werden können: Die Zelle ist immer der zentrale Punkt.

Die Vermittlung eines Lebensstils

Was Paulus begriffen hatte, müssen auch wir begreifen: Die Welt wird niemals durch die bloß gesprochene oder geschriebene Predigt evangelisiert werden, sondern nur durch die Vermittlung einer ganz bestimmten Qualität geistlichen Lebens an unsere geistlichen Kinder: vom Vater auf das Kind, vom Meister auf den Jünger, vom Evangelisten auf den Neubekehrten.

Der Missionsbefehl wird nicht durch ein bloßes zahlenmäßiges Wachstum erfüllt, sondern nur durch die gleichzeitige Vermittlung dieser Vision, dieser Qualität geistlichen Lebens. Auf diesem Weg werden neue Gemeinden geboren werden, welche die Aufgabe selbst weiterführen. Es genügt nicht, eine Menge Leute zu bekehren, sondern wir müssen sie zu Jüngern machen, zu Seelen, die für Christus brennen, zu mitreißenden und unwiderstehlichen Zeugen, die vom Heiligen Geist erfüllt sind. Wenn der Evangelist es nicht versteht, einen unstillbaren Durst nach Christus und einen unstillbaren Hunger nach Gottes Wort zu wecken und dazu eine Bereitschaft, sich Gottes Willen in seinem ganzen Umfang zu beugen, dann hat er seine Arbeit nur zur Hälfte erledigt. Allerdings: Wenn er selbst diese geistliche Schau nicht hat und diese Qualität des Glaubens nicht lebt, wie will er es anderen vermitteln?

Machen wir die Rechnung!
Ein persönliches Zeugnis

Ich denke an eine Erfahrung, die ich früher in Afrika machte. Als Gesandter Jesu Christi fand ich mich zusammen mit meiner Frau inmitten einer halben Million Menschen, im südlichen Teil der Stadt Algier, wo niemand das Evangelium verkündete. Ich wusste, dass Gott mich für einen jeden Menschen dieser riesigen Agglomeration verantwortlich machte. Aber wie sollte ich es anstellen, um alle zu erreichen? Wie sollte ich einen Einfluss auf eine Region ausüben können, wo die Unkenntnis des wahren Christus und der Bibel nahezu total war?

Mit dieser großen Last auf dem Herzen betete ich eines Tages allein in meinem Büro (ich nenne es »Büro«, aber in Wahrheit war es ein Hühnerstall ohne Hühner; denn wir waren sehr arm) und da hat mir Gott einen Gedanken eingegeben.

»Nimm einen Schreibstift!«, sagte er, »und mache zuerst eine Rechnung. Nehmen wir an, du bist ein sehr erfolgreicher Evangelist, so erfolgreich, dass du in diesem Jahr 100 Seelen für den Herrn gewinnst. Wie lange würdest du brauchen, um die halbe Million zu bekehren, die vor deiner Haustür sind?«

Immer noch auf den Knien habe ich die Rechnung gemacht. Wenn ich pro Jahr 100 Seelen gewinnen sollte, würde ich zehn Jahre brauchen, um 1000 zu gewinnen. Ich sagte mir, dass das gar nicht so schlecht wäre.

Aber Gott drängte mich, die Rechnung weiterzuführen. Ich stellte fest, dass ich mindestens 5000 Jahre brauchen würde, um eine halbe Million Menschen für den Glauben zu gewinnen – und gleichzeitig hätte die Weltbevölkerung sich so schnell vermehrt, dass diese Anzahl praktisch ohne Gewicht wäre.

Noch immer auf den Knien vor Gott, verstand ich, dass ich meine Rechnung von vorn anfangen musste. Zudem traute ich mir nicht zu, in meiner Lage und unter den dortigen Umständen 100 Seelen zu gewinnen. Ich wusste nur, dass ich mit dem Mut, den Gott mir gab, die Menschen nach und nach evangelisieren konnte.

»Gut«, sagte mir der Herr, »nehmen wir an, du wirst wenigstens eine Person pro Tag in ernsthafter Weise mit dem Evangelium bekanntmachen (ich machte schon mehr!). Hast du nicht den Glauben, dass ich fähig bin, im Verlauf eines Jahres wenigstens eine dieser 365 Personen zu retten? Wo wäre sonst dein Glaube an meine Verheißungen?«

Ich protestierte: »Herr, das ist zu bescheiden! In diesem Tempo werden wir nie etwas erreichen!« Aber er antwortete mir: »Anstatt dass du einfach rund 100 Menschen bekehrst, machst du aus diesem einen geistlichen Kind, das ich dir gebe, deinen engen Freund. Dein Haus und dein Herz werden ihm offen sein, du betest beständig mit ihm, du lehrst ihn, du bringst ihm bei, wie er mein Wort ernsthaft studieren kann. Und du fährst gleichzeitig mit dem Evangelisieren anderer Seelen fort, Tag für Tag. Bald wird dein Freund sich dir anschließen und das Gleiche tun wollen und damit wäret ihr zu zweit, ihr wäret schon eine Mannschaft. Zu zweit ist die Evangelisation einfacher und wirksamer.

Am Ende eines Jahres werdet ihr zweimal 365, das heißt 700 oder 800 Menschen gründlich evangelisiert haben. Euer kleiner Glaube wird euch am Ende des Jahres auch je ein geistliches Kind geschenkt haben. Mit anderen Worten, am Ende von zwei Jahren wäret ihr schon vier Gläubige …«

Das schien mir noch immer übermäßig langsam, aber Gott hörte nicht auf, zu meinem Herzen zu reden. »Fahre fort!« sagte er. »Das Wichtigste ist jetzt, dass diese neuen Gläubigen die gleiche geistliche Schulung bekommen wie der Erste. Zusammen vermittelt ihr ihnen während des darauf folgenden Jahres die gleiche Schau, die gleiche Qualität geistlichen Lebens, die gleiche Motivation, die ihr habt: eine bedingungslose Liebe zum Herr, zu den Geschwistern und zu den verlorenen Seelen. Das Entscheidende ist, dass die jedes Jahr neu gewonnenen Brüder und Schwestern *mein Wort verstehen lernen und meine Gegenwart in ihrem Umgang miteinander erfahren.*«

Ich habe meine Rechnung fortgesetzt. Am Ende von drei Jahren sind wir 8; nach 4 Jahren 16, nach 5 Jahre 32, nach 6 Jahren 64 …

Aber das ist noch immer zu langsam! sagte ich mir. Sogar der klassische Evangelist mit seinen 100 Bekehrten pro Jahr erreicht mehr.

Aber der Geist Gottes antwortete mir: »Rechne weiter!«

Unter der Voraussetzung, dass diese mäßige Gangart beibehalten wird und jeder Gläubige jedes Jahr eine Seele gewinnt, kommt man in 10 Jahren auf 1000 Seelen, die nicht allein von neuem geboren, sondern die auch wahre Jünger Christi geworden sind, die eine gründliche Kenntnis der Schrift, ein kraftvolles Gebetsleben und ein wirksames Zeugnis besitzen. Und vor allem anderen: Sie haben die Gedanken des Herrn so weit verstanden, dass sie untereinander und in all ihren Unternehmungen nach innen und im Zeugnis nach außen die Gegenwart des Herrn kennen.

Immer noch auf den Knien in meinem Hühnerstall, setzte ich meine kleine Studie fort: Unter der Voraussetzung, dass man nur die Zahl der *Jünger* von Jahr zu Jahr verdoppelt (welches gewiss die niedrigste Marke ist, die man anvisieren kann), kam ich auf das Ergebnis, dass am Ende von lediglich 19 Jahren eine halbe Million Menschen zum Glauben an Christus gekommen wären, welche ihrerseits wiederum Seelengewinner wären. Ich habe die erstaunliche Entdeckung gemacht, dass es am Ende von 30 Jahren über eine Milliarde Christen in der Welt hätte … und am Ende von lediglich 33 Jahren über 8 Milliarden!

Ich war sprachlos. Die Rechnung, die ich eben gemacht hatte, beruhte nicht auf phantastischen und unrealisierbaren Voraussetzungen. Das Ziel, pro Jahr eine Seele zu gewinnen, schien mir mehr als bescheiden. Wenn ein Menschenpaar im Prinzip jedes Jahr ein Kind bekommen kann, warum sollte nicht jeder Christ jedes Jahr ein geistliches Kind zur Welt bringen? Und sogar mehr als eine Seele pro Jahr! Warum nicht fünf oder zehn? Es ist wahr, dass es gewissen Evangelisten gelingt, große Zahlen von Menschen zum Herrn zu rufen. Aber was tun all die andern Christen? Gebären sie nie? Warum ist unser Christentum so kraftlos, so fruchtlos, so steril?

Die Rechnung, die ich in meinem Hühnerstall gemacht hatte, ging von der Annahme aus, dass diese gewaltige Vermehrung mit einem einzigen Gläubigen beginnt. Nach der Statistik muss es Dutzende von Millionen von wiedergeborenen Christen in der Welt geben, vielleicht sogar viel mehr. Oder setzten wir die Zahl tiefer an. Sagen wir, es gebe in der Welt 10 Millionen echte Christen. Wenn nun ein jeder dieser Christen von heute an jedes Jahr eine Seele für den Herrn gewinnen und ihn zu einem wahren Jünger Christi heranbilden könnte, der seinerseits wieder das Gleiche macht, dann hätten wir in dreieinhalb Jahren mehr Gläubige als Frankreich Einwohner hat. In sieben Jahren käme es zu über einer Milliarde Bekehrungen und in neun Jahren wäre die ganze Weltbevölkerung gläubig!

Wenn nun alle diese Christen nicht eine, sondern zehn Seelen (warum eigentlich nicht?) im Jahr gewännen, *dann wäre in weniger als drei Jahren die ganze Welt bekehrt.*

Ich wiederhole: Der Ausgangspunkt, von jedem wahren Christen einen Bekehrten pro Jahr zu erwarten, scheint mir nicht abwegig, sondern vielmehr absolut normal. Und dennoch! es ist offenkundig, dass nur eine ganz kleine Anzahl von Christen auch dieses wenige schaffen. Müssen wir nicht von Grund auf unser Christentum überdenken? Haben wir den Mut, unser Verständnis von geistlichem Leben, von der Gemeinde und von der Evangelisation zu überprüfen?

Ich weiß noch, wie ich damals, als Gott mich nach Nordafrika sandte, um Christus zu verkündigen, alle meine Glaubensbekenntnisse, meine Erfahrungen, meine vorgefassten Meinungen in den Schmelztiegel seines Wortes werfen musste, damit er mich von Grund auf neu lehren konnte. Er hat meine Art, sein Werk zu begreifen, vollständig revolutioniert. Ich habe die Schwächen und Mängel der traditionellen Methoden, welche Bestandteil meiner geistlichen Erziehung gewesen waren, einsehen müssen. In einem Land ohne christlichen Untergrund, wo ich finsteren Kräften von solcher Macht gegenüberstand, musste ich feststellen, dass es mehr als ein »gewöhnliches« Christentum brauchte, damit der Heilige Geist ein Werk tun könne, das nicht allein dem ungeheuren geistlichen Druck standhalten, sondern sich nach meinem Weggang auch vermehren würde. Damals hat mir Gott diese grundlegenden Wahrheiten enthüllt, welche sich unserer westlichen Optik so schnell entziehen, da wir an ein eher gemütliches und oberflächliches Leben und nicht an ein ernstes Kampf seines Sohnes neu untersuchen muss, wie ich in diesem Buch gewohnt sind. Damals hat Gott mir gezeigt, dass ich alle Lehren kurz, aber aufrichtig zu erklären versucht habe.

Damals, »vor Ort«, habe ich das Wunder der geistlichen Zelle entdeckt, welche direkt von der Gegenwart Jesu Christi abhängt, einer Gegenwart, welche *Sinn und Daseinsberechtigung der Gemeinde überhaupt ausmacht*. Ohne diese geistliche Realität lacht der Teufel auch unserer größten Bemühungen. Er kann eine Gemeinschaft, die in *all* ihren gegenseitigen Beziehungen nicht auf dieser beständig ausgelebten Gegenwart Christi beruht, wie ein Streichholz entzweibrechen. Aus diesem geistlichen Mangel erwachsen ungezählte Nöte, die das Werk Gottes behindern.

Es ist nicht meine Absicht, hier meine Erfahrungen als Missionar zu erzählen. Ich kann einfach sagen, dass ein Jahr später meine Frau und ich überrannt und überwältigt wurden sowohl von unseren Leiden als auch von der Anzahl junger (und auch anderer) Leute, welche nach der Wahrheit Christi dürsteten. Mehrere von ihnen sind zu Männern Gottes geworden, die mehr Seelen zum Herrn geführt haben als ich selbst. Dann, wiederum ein Jahr später, zähl-te ich nicht weniger als sechzehn kleine Gruppen junger Christen in der Stadt und in ihrem Umkreis. Diese funktionierten von selbst und waren fast ausschließlich die Frucht des Zeugnisses unserer geistlichen Kinder. Für alle diese Jünger war das gemeinsame Gebet so normal und spontan geworden wie das Atmen. Das tägliche Bibelstudium war ihnen gleich wichtig wie das tägliche Essen.

Und dann ist der Algerienkrieg ausgebrochen und hat diesem Leuchten ein Ende bereitet. Die aktivsten der jungen Christen wurden durch die allgemeine Mobilmachung oder durch die Notwendigkeit, in einer anderen Stadt zu studieren, auseinandergerissen. Die bewaffneten Truppen und die Mordanschläge in den Straßen machten die Evangelisation praktisch unmöglich. Dies war eine der größten Tragödien meines Lebens. Warum hat die Gemeinde Christi die Herausforderung des Islam nie im Ernst aufgenommen?

Dennoch habe ich durch jene Erfahrung etwas gelernt: Gott ist immer bereit, seine Absichten auszuführen, wenn er nur jemand findet, der zum Gehorsam bereit ist. Glücklicherweise haben nach der tragischen Zerstörung die Früchte unserer Arbeit sich an anderen Orten vermehrt. Als das Zeugnis an einem Ort verworfen worden war, streute Gott den Samen in weit entlegene Gegenden, um dort Seelen zu sammeln und neue Gemeinden ins Leben zu rufen. Ich schätze, dass wir vor der Zerstreuung gemeinsam bis zu 100 000 Seelen evangelisieren konnten, von denen viele zumindest ein gedrucktes Evangelium bekommen haben. Was könnte Gott nicht alles tun, wenn seine Kinder die Worte seines Sohnes ernst nähmen?

Gottes »Methode« ist der Mensch

Wir wissen aus der Bibel, dass vor der Wiederkunft Christi nicht die ganze Welt bekehrt sein wird, ganz im Gegenteil. Aber wessen Schuld ist es? Liegt das einzig und allein an der Bosheit des Menschen? Liegt es nicht auch daran, dass die Gemeinde ihre Arbeit nur zu einem sehr kleinen Teil gemacht hat?

Mein Bruder, was ich dir mit diesem kleinen Buch klar machen will, ist, dass »die Methode des Paulus« in Wirklichkeit *die schnellste Methode* ist, um die ganze Welt gründlich zu evangelisieren. Ich bin nicht gegen die Methoden, welche die heutige Technik zur Verfügung stellt; nein, ich glaube vielmehr, dass wir jedes Mittel verwenden sollten, um Christus bekannt zu machen, immer vorausgesetzt, dass Christus im Zentrum ist. Dennoch will ich die Tatsache unterstreichen, dass »die Methode des Paulus«, so simpel sie auf den ersten Anblick erscheinen mag, die mit Abstand wirksamste, schnellste und solideste ist, die uns zur Verfügung steht.

Wir wollen *alles* verwenden, das Gott gutheißen kann. Aber vergessen wir nicht, dass der Heilige Geist nicht eine Energie ist, die wir manipulieren können, sondern dass er eine Person ist, die *durch die Persönlichkeit wirkt*, von Person zu Person. Kein Mechanismus kann dieses persönliche Wirken Gottes ersetzen. Es war die Person Christi, welche die Menschen veränderte, indem sie durch die Person des Paulus wirkte. Es war die Gegenwart Jesu in der Teamzelle, welche die Menschen überführte und in ihnen einen Durst nach Gott weckte. Gott machte es durch Paulus und durch sein Team möglich, dass man ihn *sehen* und dass man sein Reden *hören* konnte. Das Wort wurde so zum lebendigen Samen, der in die Herzen versenkt und durch einen Sturzregen des Heiligen Geistes getränkt wurde. Es war eine persönliche Offenbarung vom Angesicht Christi: Gott geoffenbart im Fleisch, gekreuzigt, auferweckt und verherrlicht.

Gott hat es so gefügt, dass die Erkenntnis Christi den Menschen durch Menschen geschenkt wird. Er hätte Legionen von Engeln senden oder durch Gewölk und eine Donnerstimme wie damals am Berg Sinai reden können. Aber nein! Bei seiner Himmelfahrt hat der Herr Jesus den Auftrag der Weltmission seinen jungen Aposteln anvertraut, also *Menschen*. Das ist noch heute seine Methode. *Er sucht Menschen*. Mit zwei Männern, die von seinem Wort und von seinem Geist erfüllt und die jeden Augenblick von der Gegenwart Christi durchdrungen sind, hat Gott das Werkzeug in der Hand, um das Unmögliche zu wirken.

Es handelt sich also in erster Linie um Qualität, nicht Quantität. Das Wichtigste ist, dass wir diese gleiche Schau und diese gleiche Qualität geistlichen Lebens einem jeden Neubekehrten mitteilen. Auf diese Art hat der Heilige Geist die unverzichtbaren Bestandteile in der Hand, mit denen er geistliche Zellen schaffen kann, die fähig sind, sich mit mindestens der gleichen Wirksamkeit zu vermehren wie die biologischen Zellen. Warum denn nicht?

Und nun ...?

Willst du eine Gemeinde bauen, die als Zelle funktioniert?

Nun, mein junger Bruder! Wenn du bis hierher gelesen hat, dann doch sicher, weil Du, wie auch ich, von der Notwendigkeit überzeugt bist, die Dinge auszuleben, die unser Meister Jesus Christus gelehrt hat und auf den Felsen seines Wortes zu bauen und seine Gedanken von der Gemeinde ernst zu nehmen.

Der Sohn Gottes ist, wie wir weiter oben sagten, ebenso der Schöpfer der geistlichen Zelle wie der biologischen Zelle. Wir verstehen, dass für ihn die Qualität mehr zählt als die Quantität. Du evangelisierst also, du führst Männer und Frauen zu Christus, du bist daran, eine Gemeinde zu gründen ... Und jetzt stellt sich die Frage: Wie soll ich vorgehen, damit dies ein Werk Gottes ist und bleibt und nicht Menschenwerk?

Wie sollen wir vorgehen, damit eine Zell-Gemeinde entsteht? Welches ist die Formel? Und *genau hier* kehren wir zu unserem Ausgangspunkt zurück, denn Jesus sagt uns, dass er es ist, der seine Gemeinde baut;[114] du nicht und ich nicht. Wie viele eifrige Arbeiter haben an dieser Stelle versagt! Zu Recht haben sie für die Wahrheit geeifert, sie wollten um jeden Preis eine biblisch strukturierte, eine tadellose Gemeinde bauen ...

In diesen letzten Jahren haben wir solche Gemeinden gesehen; einige waren absonderlich bis zum Übermaß, andere zum Weinen banal – das alles, weil Menschen ein Werk in die Hand nehmen wollten, das allein der Geist Gottes ausführen kann. Der Herr Jesus lehrte: »Er wird von dem Meinen nehmen und es euch verkündigen« (Joh. 16,14). Wir haben es nötig, unablässig zu den einfachen Lehren des Herrn selbst zurückzukehren, das heißt, zur Bergpredigt, zu den in Matthäus 18 gelehrten Grundsätzen der Gemeinschaft der Heiligen und zu seinen Warnungen (Mt. 13 und 24). Ebenso müssen wir den Herrn wieder finden, der auf den Knien lag und den Jüngern die Füße wusch, und hören, wie

---

114 Mt. 16,18

er die Bruderliebe definiert: »dass wir einander lieben, *gleichwie er uns geliebt hat.*«

Dein erster Bekehrter

Du hast also einen Menschen zu Christus geführt. Er ist jetzt dein Bruder. Was wirst du mit ihm anstellen? Wo beginnen?

Um eine Zell-Gemeinde zu gründen, muss man zuerst den hören, der sie sich ausgedacht hat: Jesus. Als der Herr daran war, zu seinem Vater aufzufahren, redete er zum letzten Mal auf der Erde zu seinen Aposteln:

»Mir ist alle Gewalt gegeben im Himmel und auf Erden. Gehet nun hin und machet alle Nationen zu Jüngern und taufet sie auf den Namen des Vaters und des Sohnes und des Heiligen Geistes und lehret sie, alles zu bewahren, was ich euch geboten habe. Und siehe, ich bin bei euch alle Tage bis zur Vollendung des Zeitalters« (Mt. 28,18-20).

In dieser Botschaft gibt der Herr seinen Jüngern einen dreifachen Befehl:

Alle Nationen zu *Jüngern* machen, nicht lediglich zu Bekehrten! Der Jünger ist ein Mensch, der sich in Zucht nehmen lässt, ein Lehrling, ein Schüler, jemand, der seinem Meister folgt.

Es genügt nicht, Menschen zum Glauben zu führen. Die neue Geburt ist nur der Anfang des Lebens. Vom Tag an, da ein Ehepaar ein Kind bekommt, wird ihr ganzer Tagesablauf auf den Kopf gestellt. Sie leben jetzt für ihr Kind, um es zu lieben, zu ernähren und zu lehren.

Unsere heutige hochspezialisierte Art zu evangelisieren ist ganz darauf fixiert, geistliche Geburten in großer Masse zu »fabrizieren«. Ein Säugling braucht aber nichts in der Welt so sehr wie die Zuneigung der Eltern. Mit unseren unpersönlich gewordenen Methoden erwarten wir vom Neugeborenen, dass er sich allein durchschlagen kann. Er soll sich einer Gemeinde anschließen, Predigten hören und dem Strom folgen. Aber viele Gemeinden sind wie Kühlschränke. Und andere sind kaum besser als Friedhöfe.[115] Ist es verwunderlich, dass die meisten Christen kaum Fortschritte machen? Der Neugeborene braucht unendlich viel mehr als nur das. Unsere Psychologen sagen, dass der Mensch in den drei ersten Jahren seines Lebens mehr aufnimmt und lernt als im ganzen restlichen Leben. Ebenso sind die drei ersten Jahre im geistlichen Leben die wichtigsten: Eine Seele kann für immer zwergwüchsig bleiben, wenn sie in den geistlichen Kindesjahren nicht die grenzenlose Weite der Gnade Gottes in Christus Jesus kennenlernt. Das Werk Gottes ist heute durch die große Anzahl »verwachsener« Christen in den Gemeinden schweren Komplikationen unterworfen. Das, was man gewöhnlich »Seelsorge« nennt, nimmt einen viel zu großen Raum ein im Verhältnis zur eigentlichen Arbeit des Christen: den Menschen, die Christus nicht kennen, das Evangelium zu verkündigen. Viele dieser schwierigen »Fälle« sind das Ergebnis einer tragischen Vernachlässigung zu Beginn ihres Christenlebens.

Um solche Enttäuschungen zu vermeiden, habe ich mein erstes Büchlein geschrieben: *Si tu veux aller loin* – Wenn du weit kommen willst.[116] Dort versuche ich dem Junggläubigen von seiner Bekehrung an jene Mittel in die Hand zu geben, durch die er schnell und gesund wachsen wird. Wenn die Gemeinden nicht solche Wracks aufziehen würden, sondern voll wären von Männern und Frauen Gottes, würde die Welt auf den Kopf gestellt! Man sähe, wie sich durch ihren Einfluss die Gesellschaft veränderte – wie es übrigens in gewissen Ländern in bestimmten Epochen schon geschehen ist.

Aber wie macht man einen Menschen zu einem Jünger Jesu Christi?

Zuerst, indem man ihn liebt, ihn umhegt, ihn in die Familie Gottes und auch in die eigene Familie aufnimmt. Kurz: indem man sich um seine geistliche Erziehung und Bildung kümmert. Er

---

115 Und eine wachsende Anzahl wie Tollhäuser, was zu Lebzeiten des Autors noch nicht so akut war wie heute (der Übersetzer).
116 Auf deutsch ist es erschienen unter dem (nicht sehr glücklichen) Titel: »Kurswechsel – Das Leben beginnt« (der Übers.)

braucht eine glückliche »Kindheit«, er muss im strahlenden Sonnenschein der Gegenwart Christi unter den Seinen heranwachsen können.

Das führt uns zum zweiten Gebot des Herrn Jesus in diesem Abschnitt:

»... indem ihr sie *tauft* auf den Namen des Vaters, des Sohnes und des Heiligen Geistes« (Mt. 28,19).

Warum die Taufe? Zur Zeit des Herrn und seiner Apostel war die Taufe immer *eine öffentliche Handlung*. Es gab damals keine Taufbecken; die Christen hatten auch keine Kapellen. Diese waren im Römischen Imperium während langer Zeit verboten. Nein, zur Taufe ging man an einen Strand, an einen Fluss oder zum Dorfteich, auf alle Fälle an einen Ort, wo alle Angehörigen, Mitbürger und Passanten Zeugen wurden vom Glauben des Neubekehrten, der sich taufen ließ. Welch mächtiges Zeugnis ist die Taufe, so wie der Herr sie lehrte und die Apostel sie übten!

Mit anderen Worten, der Herr will, dass der neue Jünger damit beginnt, dass er offen für ihn Stellung bezieht, indem er seinen Glauben durch eine symbolhafte Handlung öffentlich bekennt: er ist mit Christus gestorben und begraben und zu einem neuen Leben in Christus auferweckt worden. [117]

Und nach der Taufe? Was müssen wir dann tun, damit der Neugeborene in Christus gesund und schnell wächst?

Jesus sagt: »Lehrt sie, *alles zu bewahren* (das heißt, in die Tat umzusetzen), *was ich euch gelehrt habe*« (V. 20).

Hier haben wir die Erklärung für den außerordentlichen Erfolg der apostolischen Gemeinde. Die Apostel haben jedem Neubekehrten den Inhalt dessen gelehrt, was wir die Evangelien nennen. Sie lehrten sie die Geschichte vom Leben, vom Tod und von der Auferstehung Jesu Christi, sowie von den verschiedenen

---

117 Dieses Buch geht nicht auf die Kontroverse der Form der Taufe ein. Der Leser findet eine Erörterung meiner Sicht in Le Miracle de l'Esprit, in den Kapiteln 6 und 7.

Lehren, die er den Aposteln gegeben hatte und die sie schrittweise niederschrieben. Auf diesem Weg hörte Lukas von Paulus und Silas die Dinge, die wir heute in seinem Evangelium nachlesen können. Es ist offenkundig, dass die ersten Christen das Wort Christi ernst nahmen. Für die Apostel war die Lehre Christi selbst das Fundament der geistlichen Schulung eines jeden neuen Jüngers.

Das heißt nun, dass die Gemeinde zu Beginn sich nicht um das Errichten von Kirchen und Hierarchien noch um einen Haufen von Regeln kümmerte; sie absorbierte und praktizierte »alles, was Jesus selbst sie gelehrt hatte«. So hat sich die erste Gemeinde als *Zelle* geformt ... Denn so hatte Jesus selbst die geistlichen Zellen konzipiert, aus denen seine Gemeinde bestehen sollte. Die Zelle nährte sich und wuchs durch seine Lehren, die man gut befolgte, und durch seine beständige Gegenwart in ihrer Mitte. Und man vertraute auf das ungehinderte Wirken des Heiligen Geistes, um das zu verwirklichen

So erklärt sich das Wunder der ersten Gemeinschaft in Jerusalem. Lukas hält fest, dass die Jünger »in der Lehre der Apostel verharrten« (Apg. 2,42). Worin bestand diese Lehre, wenn nicht in der Unterweisung der Worte ihres Meisters Jesus? Welch großartige Bibelschule! Keine Wortklaubereien, keine Haarspaltereien, sondern täglich und wöchentlich reservierte Zeit, um die »gesunden Worte unseres Herrn Jesus Christus«[118] aufzunehmen und im Herzen zu verwahren.

Später kamen Probleme, weil man den Befehl, allen Völkern das Evangelium zu verkünden, nicht ernst genommen hatte. Gott musste eine Verfolgung senden, um die Jünger zu zerstreuen, damit die Zellen sich vermehren konnten. Die erste Zelle musste sich teilen, um sich zu vermehren. Jesus hat nicht zugelassen, dass die Urgemeinde zu einem starren Verwaltungsapparat verkam. Die Senfstaude ist von Gott nicht geschaffen, um ein Baum zu werden; das wäre ein widernatürlicher Wildwuchs. Die Senfstaude ist dazu gemacht, sich in eine unendliche Anzahl kleiner

118 1. Tim. 6,3

Senfstauden zu vermehren. Die Vision Jesu Christi bestand darin, alle Nationen mit geistlichen Zellen zu erfüllen, welche von seiner Gegenwart durchdrungen waren.

Welche Tragödie, dass die Gemeinde zu dem verkam, was Jesus selbst in Matthäus 13 angekündigt hatte: zum großen Baum, der sogar die Vögel des Himmels, die Agenten des Fürsten der Finsternis, beherbergen konnte! Das ist eine Lektion, die jeder nachkommenden Generation neu beigebracht werden muss. Wir müssen einander anspornen, unablässig und immer neu zu den »gesunden Worten« unseres Meisters zurückzukehren.

Um reines Wasser zu bekommen, muss man bis zur Quelle vordringen.

Nachwort

Da sind wir nun, mein Bruder. Wir haben einige Augenblicke zu Füßen unseres Meisters verbracht, um zu hören, was er selbst uns über die Gemeinde sagen will. Wir haben seine Belehrungen bei weitem nicht erschöpfend behandelt, aber wir haben, wie ich hoffe, aus ihnen die Lektionen ziehen können, die für unsere Generation die vordringlichsten sind.

»Ich bin in ihrer Mitte.«

Ist es nicht sonderbar, dass der Herr Jesus offensichtlich die zweitrangigen Fragen, welche heute die Gemeinden spalten, beiseite lässt? Er ruft uns das Wesentliche in Erinnerung: dass seine Gegenwart unter den Seinigen *alles* ist. Ohne seine Gegenwart haben wir letztlich nur ein Gerüst oder ein leeres Haus. Nicht einmal der herrlichste Palast der Welt kann den jungen Prinzen erfreuen, wenn die Prinzessin nicht anwesend ist. Das heißt: All unser Bauen ist nur Trug, wenn die Gegenwart Jesu Christi den Bau nicht füllt.

Diese göttliche Gegenwart ist nicht ein bloßes Schlagwort. Sie ist real, sie berührt uns im Innersten, sie verändert unsere Existenz; und sie überführt die Menschen, die draußen sind, von der Wahrheit Christi, selbst wenn sie sie nicht annehmen. Die katholische Kirche hat ein Relikt davon behalten in der Sache, die sie »die Realpräsenz – die leibliche Gegenwart« Christi in der Kirche nennt. Nur hat sie das zu einer kümmerlichen Karikatur entstellt. Sie meinte, sie könne seine Gegenwart an die Hostie und damit an ein Stück Materie binden. Die reformierten Kirchen haben gegen diesen Irrtum reagiert, aber haben ihrerseits die absolute Notwendigkeit seiner »Realpräsenz«, d. h. seiner tatsächlichen Gegenwart, in all ihren Zusammenkünften und Beziehungen vergessen. Das Studium der Worte Jesu führt uns zum Gleichgewicht und zur Wirklichkeit der Dinge selbst.

»Wenn zwei oder drei unter euch übereinkommen ...«

Zweitens haben wir verstanden, dass die Gegenwart Jesu Christi in der Gemeinde nur »real« werden kann, wenn wir die Einheit des Geistes bewahren. Er will, dass wir geeint sind im Gehorsam an sein Wort und im Ausführen seines Willens, und dieser besteht im Wesentlichen darin, dass wir sein Evangelium einer verlorenen Welt mitteilen. Von dieser geistlichen Einheit hängt der verheißene Segen ab. Daher muss uns das Trachten nach dieser Einheit beständig ein oberstes Anliegen sein. Wiederum die katholische Kirche hat eine äußerliche (ich sage: *äußerliche*) Form von kirchlicher Einheit zu wahren verstanden, während der Protestantismus eine immer weiter gehende Zersplitterung seiner Kirchen erfahren hat. Einer falschen Einheit, die auf einem Gemisch von Irrlehren und gewissen Wahrheiten beruht, müssen wir die wahre Einheit des Geistes Gottes entgegensetzen, jene Einheit, die aus der Liebe Gottes fließt, welche sich wiederum von der Gegenwart Christi unter den Seinen speist. Die wahre Gemeinde *ist schon eins*. Wir müssen die Einheit in unserer Liebe zum Herrn und zu den Brüdern anerkennen und bestätigen.

Das oberste Gebot des Herrn Jesus, das Gebot, das er mit seinem neuen Bund verknüpft, ist dies, dass wir einander lieben, wie er uns geliebt hat. Lasst uns hier beginnen!

clv

Hardcover

W. J. Ouweneel

Mit Sehnsucht habe ich mich gesehnt

192 Seiten
24,80 DM
ISBN 3-89397-357-5
Bestell-Nr. 255.357

Ein Stück Brot, und jeder bricht ein Stückchen davon ab. Ein Becher Wein, und jeder trinkt daraus. Sehr simpel. Doch es ist der Herr Jesus selbst, welcher der Gastherr ist. Alle, die durch Glauben zu Ihm gehören, rücken an Seinen Tisch heran, voll Bewunderung und Dankbarkeit zurückdenkend an Sein vollbrachtes Werk. Das ist das Abendmahl, das Mahl des Herrn.

Das Ziel dieses Buches ist es, das Wort Gottes selbst über die Bedeutung und die Praxis des Abendmahls zu Wort kommen zu lassen.

Der Autor lässt zuerst das Licht des Alten Testament über dieses Thema scheinen: Zwei Vorbilder – Passah und Friedensopfer – verdeutlichen den Charakter des Abendmahls. Danach wird die Aufmerksamkeit auf das konkrete Zeugnis des Neuen Testament gelenkt: Die Evangelien und Paulus' erster Brief an die Korinther.

Zuletzt wird noch einmal bildlich der Bogen gespannt vom Alten bis ins Neue Testament, vom Feiern des Abendmahls »angesichts des Feindes« »bis ER kommt!«

Wer wie der Schreiber die Schrift als Richtschnur für das Glaubensleben nimmt, wird hier viel finden, was er gebrauchen kann.

Paperback

clv

B. Peters

Weder Diktatur noch Demokratie

96 Seiten
8,80 DM
ISBN 3-89397-248-X
Bestell-Nr. 255.248

Autorität und Unterordnung geben dem
Universum Harmonie – und sie sind Säule,
Schönheit und Stärke der Gemeinde des
lebendigen Gottes. So wie der Sündenfall ein
Verstoss gegen Autorität war, bedeutet
Errettung Wiederherstellung der göttlichen
Autorität im Leben der Menschen.

In einer Welt der Sünde und Auflehnung gegen
Gottes Regierung soll das Volk Gottes
demonstrieren, wie Herrlichkeit und Glück aller
Geschöpfe in den richtigen Gebrauch von
Autorität und Unterordnung eingebunden sind.
Wie aber wird Gottes Autorität wirksam? Wer
ist legitimiert sie auszuüben? Wie kann sie zur
Ehre Gottes und zum Wohl seines Volkes
verwaltet werden? Welche Qualifikationen
muss ein Ältester haben und wie erlangt er sie?
Und wie kann er erkannt werden?

Anhand einer Reihe alt- und neutestamentlicher
Fallstudien – die von Adam bis Jesabel und von
Joseph bis Johannes reichen – geht der Autor
auf die Problematik geistlicher Führerschaft ein
und macht deutlich, dass Wohl und Wehe des
Volkes Gottes aufs engste mit Führung und
Unterordnung verknüpft sind.